厂站监控系统信息修改操作手册

王晓建　主　编

华国栋　黄晓明　石　军　副主编

中国电力出版社

CHINA ELECTRIC POWER PRESS

内 容 提 要

本书主要阐述变电站监控系统组态过程中的操作步骤和难点问题。共介绍了北京四方、南瑞继保、国电南自、深瑞、上海思源、南瑞科技、鲁能、南思、泰仑、东方电子 10 家公司的 15 套变电站监控系统，重点讲解数据库备份及修改间隔名称、画面、遥测系数、TA 变比等的具体操作。

本书文字通俗易懂、图文并茂，内容基本涵盖了目前市场上的主流产品，可供从事变电站监控相关工作的人员阅读使用。

图书在版编目（CIP）数据

厂站监控系统信息修改操作手册 / 王晓建主编. —北京：中国电力出版社，2019.4
ISBN 978-7-5198-3002-1

Ⅰ．①厂… Ⅱ．①王… Ⅲ．①变电所－监控系统－信息处理－手册 Ⅳ．① TM63-62

中国版本图书馆 CIP 数据核字（2019）第 051924 号

出版发行：中国电力出版社
地　　址：北京市东城区北京站西街 19 号（邮政编码 100005）
网　　址：http://www.cepp.sgcc.com.cn
责任编辑：穆智勇（010-63412336）
责任校对：黄　蓓　李　楠
装帧设计：张俊霞
责任印制：石　雷

印　　刷：三河市万龙印装有限公司
版　　次：2019 年 4 月第一版
印　　次：2019 年 4 月北京第一次印刷
开　　本：710 毫米 ×1000 毫米　16 开本
印　　张：11
字　　数：169 千字
印　　数：0001—1500 册
定　　价：46.00 元

编 委 会

主　　编	王晓建
副主编	华国栋　黄晓明　石　军
编写人员	马爱军　叶昕炯　严建强　陆利平　王华伟
	吴国强　姚建锋　鲁水林　卢　毅　张　磊
	丁　鸿　童大中　徐礼富　叶　韵　杨小东
	李正明　高　泓　丁　昊　韩　磊　周开运
	陈永炜　温云波　沈剑萍　吴　阳　许　伟
	董建强　翁兴辰　张　弘　叶仲芳　高旭东
	钱洪斌　王　斌　胡宗宁　董　俊　杨国冬
	项　伟　陆　翔　缪　琰　杨力强　卢　冰
	钱海峰　顾　亮　黄志华　陈利恒　徐　诚
	邹爱东　诸骏豪　郑森森

变电站监控系统是通过微机保护、测控单元采集变电站各种信息，如母线电压、线路电流、直流温度、断路器位置以及各种遥信状态等，并对采集到的信息进行分析与处理，借助计算机通信手段，相互交换和上送相关信息，实现变电站运行监视、控制和管理。常见的变电站监控系统主要有深瑞的 ISA300、四方的 CSC2000、南瑞继保的 RCS9700、南瑞科技的 NS2000、南自的 PS6000、东方电子的 E3000、上海思源的 SUPER5000 等监控类型。

由于变电站监控系统种类繁多，且每个厂家生产的监控系统组态方法各有特点，给二次检修人员实际工作带来很多困扰。针对此种情况，国网湖州供电公司收集整理变电站所涉及的监控系统组态间隔数据备份及命名修改的流程和步骤，编写成书。本书介绍了变电站常用的监控系统组态改命名具体操作流程，涉及常规变电站和智能变电站的监控系统组态，详细阐述了各监控系统组态间隔改命名各个步骤的注意事项。希望本书的出版，能帮助现场工作人员快速上手和练习，提高工作能力，逐步实现不依赖厂家就能开展工作，节省检修人力成本的目的。

本书由国网湖州供电公司有关专家承担主要编写工作，其他兄弟单位多位具有深厚理论功底和丰富实践经验的专业技术人员参与了本书的审稿，为本书的出版提出了宝贵的意见和建议，在此一并表示感谢。

本书操作流程讲解详细，实操简单，能够帮助二次检修人员快速开展变电站监控系统组态工作。由于时间和精力所限，书中难免有不妥之处，恳请广大读者提出宝贵意见。

编　者

2019 年 4 月 2 日

一、北京四方 CSC2000 监控系统组态

1. 修改前的备份工作

将原始文件 C：\ CSC2000 下除了 AHDB Hisdata Hisdb Event 历史库文件夹之外的其余文件夹和文件备份到其他盘，并备注日期。

2. 修改间隔名称

（1）实时库修改

打开 C：\ CSC2000 \ BIN 下 WizTool. exe，登录用户名 z，密码一般是 z（或者用户名 sifang，密码一般是 8888）。

1）间隔名称修改

如图 1 - 1 所示，选择"间隔管理"→"间隔列表"，修改对应间隔名称。

图 1 - 1 修改对应间隔名称

2）修改遥控细节列表库

按照图1-2所示，选择"间隔管理（W）"→"间隔细节列表（X）"→"遥控量细节列表（W）"，在"遥控量细节列表"中可以查看设备是否有"双编号"，如图1-3所示，然后再进行相应修改。

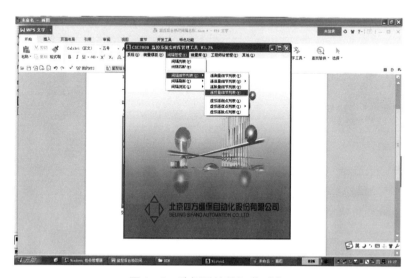

图1-2　选择遥控量细节列表

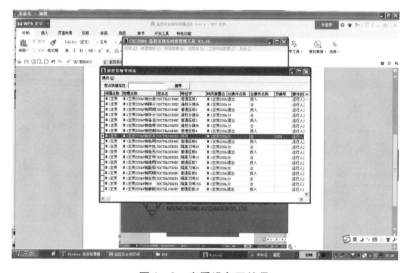

图1-3　查看设备双编号

3）修改遥信细节列表库

按照图1-4所示，选择"间隔管理（W）"→"间隔细节列表（X）"→"遥信量细节列表（U）"→"一般性质（Y）"，查看"CVT"信号、"公用测控"信号、"直流消失互报"信号，更改具体遥信物理量名称。

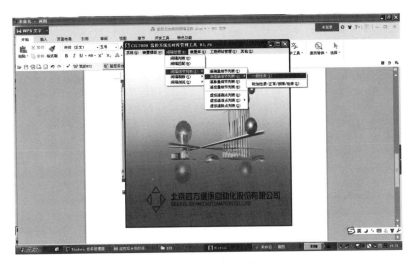

图 1-4　修改遥信量细节列表库

4）库修改完毕，输出

注意：实时库修改完成后需要再次备份，然后选择实时库输出。实时库输出时要求监控后台软件处于运行状态。

按照图 1-5 所示，选择"系统（U）"→"实时库输出（X）"，弹出图 1-6 所示对话框，点击"Yes"按钮。

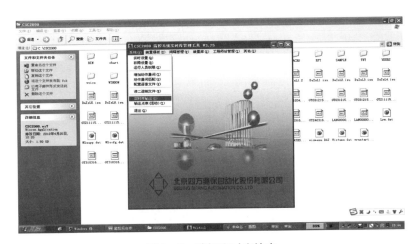

图 1-5　选择实时库输出

图 1-6　确认实时库输出

再弹出图 1-7 所示对话框，根据需要，勾选相应信号后，点击"输出"按钮，输出实时库。

图 1-7　输出选择

注意：图 1-7 中，"输出 WIZCON 控点"，是指有增加遥信、遥测、遥控；"WIZCON 宏"，是指有增加遥控。在没有增加信号的情况下，这两个都不勾选。

"删除实时库原始信息"则永远不勾选。

3. 监控画面修改

如图 1-8 所示，在登录界面中，"姓名"和"口令"一般是 z。监控画面需要修改"一次主接线图""间隔分图""通信一览图""光字牌总""CVT 分图"。下面以 220kV 丰安变电站一次主接线图为例，进行修改。

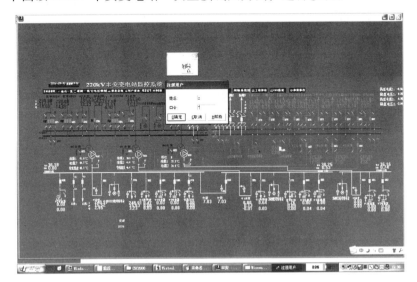

图 1-8 用户登录

按照图 1-9 所示，选择"M 模式"→"E 编辑"。选中对应间隔名称后，右键点击"C 改变文本"，如图 1-10 所示。

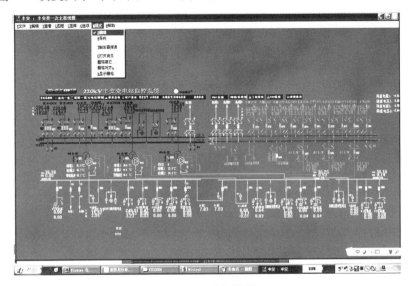

图 1-9 选择编辑

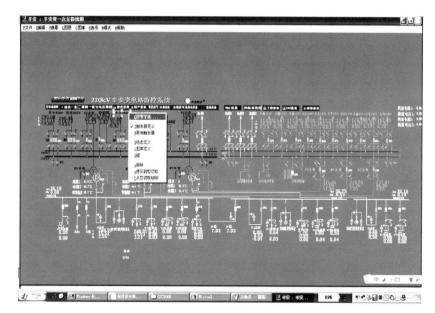

图 1 – 10   相应间隔改变文本

修改完成后，按照图 1 – 11 所示，选择"M 模式"→"T 触发器接通"。
按照图 1 – 12 所示，选择"F 文件"→"S 保存"，保存文件。

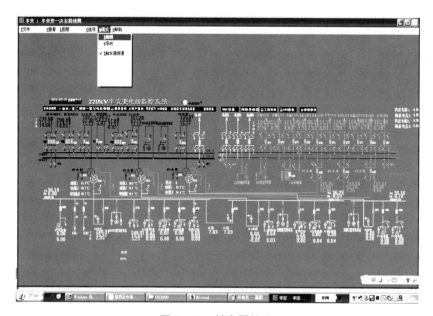

图 1 – 11   触发器接通

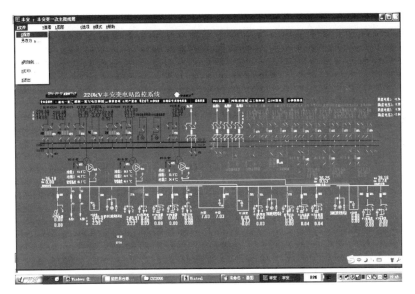

图1-12　文件保存

4. 修改 TA 变比

打开 C：\ CSC2000 \ BIN 下 WizTool. exe，登录。用户名和密码一般均是 z（或者用户名为 sifang，密码一般是 8888）。

（1）修改比例系数

按照图 1-13 所示，选择"间隔管理（W）"→"间隔细节列表（X）"→"遥测量细节列表（T）"。在"遥测量细节列表"中可以修改相应间隔的"比例系数"，如图 1-14 所示。

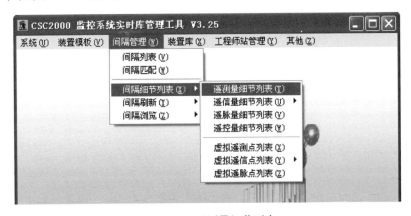

图1-13　遥测量细节列表

图 1 – 14　修改比例系数

按照图 1 – 15 所示，比例系数修改完成后，点击右上角"X"按钮关闭，弹出如图 1 – 16 所示对话框，点击"Yes"按钮。

图 1 – 15　比例系数修改完成

（2）系数计算

四方装置产品装置上送遥测的方式有归一化值和浮点数两种。

1）归一化值对应遥测控点名为 ANA3X00（主要是常规 CSC200 系列低压保护），对应遥测的监控后台计算公式为

图 1-16　比例系数修改存盘

电流 I：（TA 一次值）$\times 1.2/4096$

电压 U：（TV 一次值）$\times 1.2/4096$

功率 PQ：$3U$（TV 一次值）I（TA 一次值）$\times 1.2 \times 1.2/4096$

功率因数 $\cos\varphi$：$1/4096$

2）浮点数对应遥测控点名为 ANA5X00，对应遥测的监控后台计算公式为

电流 I：TA 变比 =（TA 一次值）/（TA 二次值）

电压 U：TV 变比 =（TV 一次值）/（TV 二次值）

功率 PQ：TA 变比 × TV 变比

功率因数 $\cos\varphi$：1

（3）实时库输出

参照前文"（1）实时库修改 - 4）库修改完毕，输出"步骤，进行实时库输出。

二、北京四方 CSC2000（V2）监控系统组态

1. 修改前的备份工作

修改前首先进行备份：

对于 Windows XP 系统，一般在 D 盘 D：\ csc2100_ home 下 project 备份。

对于 UNIX 系统，在"新建控制台"输入 pwd，查看当前路径。一般在 app 根目录下，输入 zip − r project20160331. zip csc2100_ home/project。

2. 修改间隔名称

实时库修改操作如下：

1）间隔名称修改

按照图 2 −1 所示，依次选择桌面左下角"开始"→"应用模块"→"数据库管理"→"实时库组态工具"，打开实时库组态工具页面。

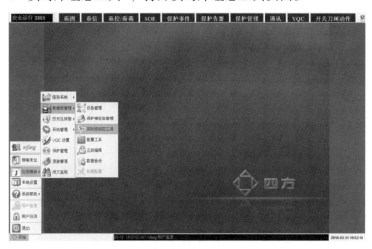

图 2 −1　打开实时库组态工具页面

如图 2-2 所示，在实时库组态工具页面中，依次选择"本地站"→"变电站"→"××变"，选择对应"间隔"，选中后点击鼠标右键，选择"重命名"，修改相应间隔名称。

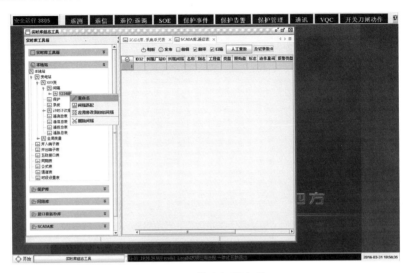

图 2-2　修改间隔名称

2）修改遥控细节列表库

在图 2-3 所示的实时库组态工具页面上依次选择"本地站"→"变电站"→"××变"，选择对应"间隔"→"遥控量"，在右边界面中勾选"编辑"选项，修改"双编号"。注意修改数据前，需要进入编辑状态。

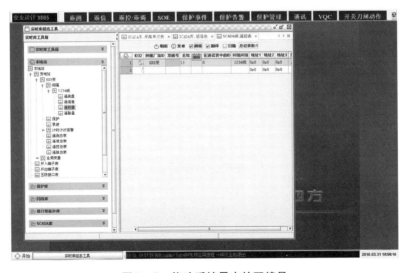

图 2-3　修改遥控量中的双编号

3）修改遥信细节列表库

如图2-4所示，查看"CVT"信号、"公用测控"信号、"直流消失互报"信号，更改具体遥信物理量名称。

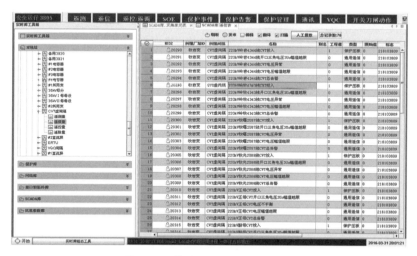

图2-4　修改遥信量细节列表库

4）修改相应间隔的开关刀闸名称

如图2-5所示，选择"网络库"→"开关刀闸"→"描述"，修改相应间隔的开关刀闸名称。

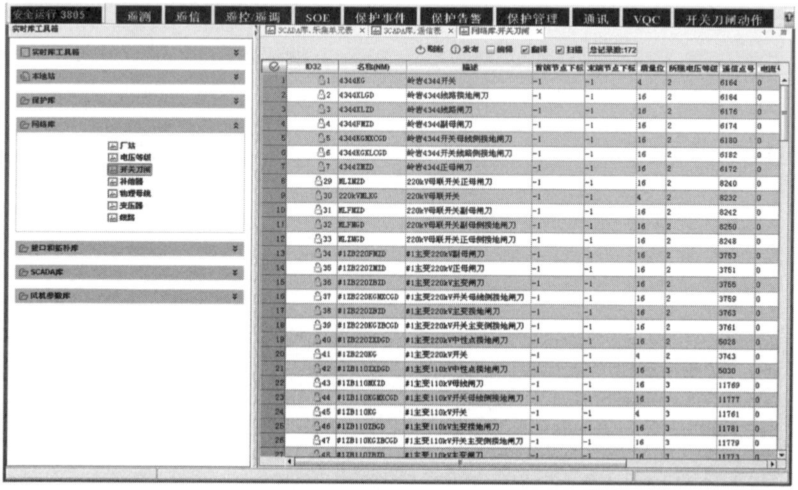

图2-5　修改相应间隔的开关刀闸名称

5）实时库刷新发布保存

实时库修改完成后，依次选择"刷新"→"发布"，点击左上角"实时库工具箱"→"保存"。

3. 监控画面修改

如图2-6所示，依次选择桌面左下角"开始"→"应用模块"→"图形系统"→"图形编辑"，打开图形编辑页面。

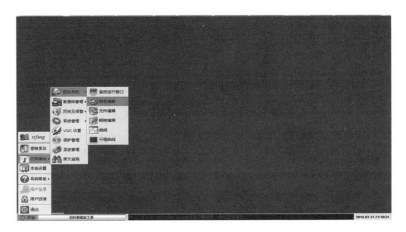

图2-6　打开图形编辑页面

如图2-7所示，选择左上角文件夹图标，打开相应需要修改的图形。监控

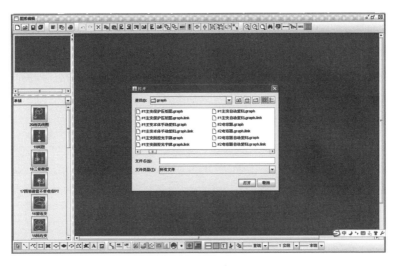

图2-7　图形编辑页面

画面需要修改"主接线图""间隔分图""光字牌总""通信一览图"。图形更改完成后，选择"文件同步"，如图2-8所示。

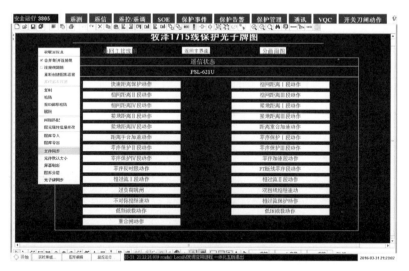

图2-8　文件同步

4. 修改 TA 变比

（1）修改比例系数

按照图2-1所示步骤，依次选择桌面左下角"开始"→"应用模块"→"数据库管理"→"实时库组态工具"，打开实时库组态工具页面。如图2-9所示，在实时库组态工具页面中，依次选择"本地站"→"变电站"→"××变"，选择对应"间隔"→"遥测量"，在右边界面中勾选"编辑"选项，修改"系数"。

图2-9　修改比例系数

（2）系数计算

对于常规变电站 CSC2000 通信规约，计算规则和 CSC2000（WIZCON）后台计算方式一样，遥测标签由地址 1、地址 2 两列组成。

如图 2 - 10 所示，归一化值对应"地址 1"，为 0X30（主要是常规 CSC200 系列低压保护）。

音	标志	报警类型	所属保护	地址1	地址2	地址3	地址4	有
	218103809	默认	110kVI段母线测控CSI200EA	0x30	0x0	0x1	1	
	218103809	默认	110kVI段母线测控CSI200EA	0x30	0x1	0x2	2	
	218103809	默认	110kVI段母线测控CSI200EA	0x30	0x2	0x3	3	
	218103809	默认	110kVI段母线测控CSI200EA	0x30	0x3	0x4	4	
	218103809	默认	110kVI段母线测控CSI200EA	0x30	0x4	0x5	5	
	218103809	默认	110kVI段母线测控CSI200EA	0x30	0x5	0x6	6	
	218103809	默认	110kVI段母线测控CSI200EA	0x30	0x6	0x7	7	
	218103809	默认	110kVI段母线测控CSI200EA	0x30	0x7	0x8	8	

图 2 - 10　归一化值

如图 2 - 11 所示，浮点数值对应"地址 1"，为 0X50。

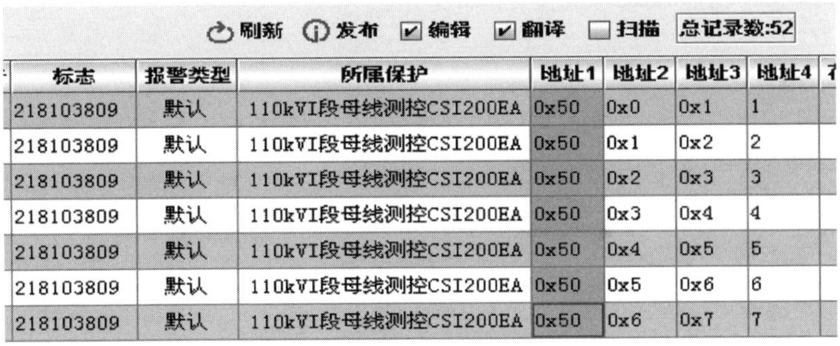

	标志	报警类型	所属保护	地址1	地址2	地址3	地址4	有
	218103809	默认	110kVI段母线测控CSI200EA	0x50	0x0	0x1	1	
	218103809	默认	110kVI段母线测控CSI200EA	0x50	0x1	0x2	2	
	218103809	默认	110kVI段母线测控CSI200EA	0x50	0x2	0x3	3	
	218103809	默认	110kVI段母线测控CSI200EA	0x50	0x3	0x4	4	
	218103809	默认	110kVI段母线测控CSI200EA	0x50	0x4	0x5	5	
	218103809	默认	110kVI段母线测控CSI200EA	0x50	0x5	0x6	6	
	218103809	默认	110kVI段母线测控CSI200EA	0x50	0x6	0x7	7	

图 2 - 11　浮点数值

归一化值对应遥测的监控后台计算公式为

电流 I：（TA 一次值）×1.2/4096

电压 U：（TV 一次值）×1.2/4096

功率 PQ：3U（TV 一次值）I（TA 一次值）×1.2×1.2/4096

功率因数 $\cos\varphi$：1/4096

浮点数值对应遥测的监控后台计算公式为

电流 I：TA 变比 =（TA 一次值）／（TA 二次值）

电压 U：TV 变比 =（TV 一次值）／（TV 二次值）

功率 PQ：TA 变比 × TV 变比

功率因数 $\cos\varphi$：1

对于 61850 通信规约，系数计算按照浮点数计算规则进行。

（3）实时库保存

在"实时库组态工具"页面（见图 2－9）上选择"刷新"→"发布"；选择左上角"实时库工具箱"→"保存"；点击实时库组态工具页面右上角"×"号关闭，保存。如图 2－12 所示，将实时库数据存入文件。

图 2－12　保存实时库数据

三、南瑞继保 RCS9700 V4 + V5 监控系统组态

1. 数据库的备份还原

RCS9700 监控后台的备份分为数据库备份（SQL + Mysql）和后台备份两部分。注意在备份、还原前，运行界面应该保持退出状态，待操作结束再启动后台。

（1）数据库的备份

RCS9700 的数据库主要包括 SQL 与 MySQL 两种，监控系统 RCS4.0 后台采用 SQL 数据库，RCS5.0 后台 5.1 之后版本基本采用 MySQL 数据库。工作过程中若不清楚当前数据库的类型，可通过"控制面板"→"添加或删除程序"进行确认。图 3 – 1 所示为 SQL 数据库类型，图 3 – 2 所示为 MySQL 数据库类型。

图 3 – 1　SQL 数据库类型

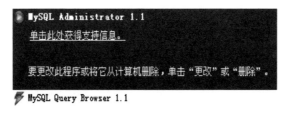

图 3 – 2　MySQL 数据库类型

1）SQL 数据库备份

如图 3-3 所示，从桌面依次点击"开始"→"所有程序"→"Microsoft SQL Server"→"企业管理器"按钮，弹出如图 3-4 所示界面。

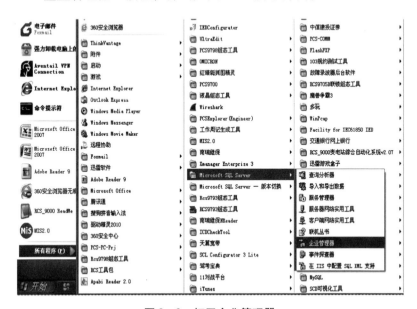

图 3-3　打开企业管理器

图 3-4　选择数据库下的 RCS9700

在图 3-4 中，逐层选择到"数据库"下的"RCS9700"。如图 3-5 所示，点击鼠标右键，选择"所有任务"→"备份数据库"。

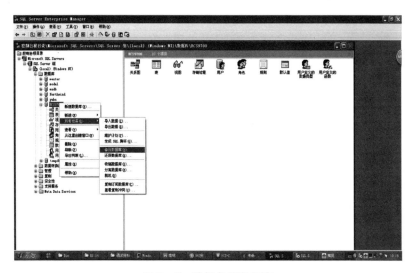

图 3-5　选择备份数据库

按照图 3-6 所示步骤，一般以当前日期为例，点击"添加"，选择存储路径，最后点击"确认"，即可将需要备份的数据库备份。

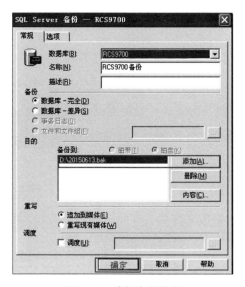

图 3-6　选择存储路径

2）Mysql 数据库备份

如图 3-7 所示，从桌面依次点击"开始"→"RCS9700 厂站综合自动化系统"→"数据库备份还原"，弹出如图 3-8 所示界面。

图 3－7　数据库备份还原

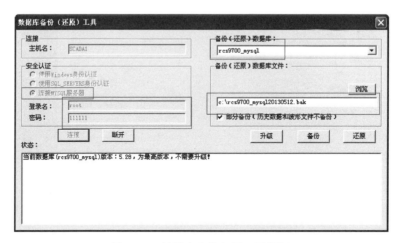

图 3－8　数据库备份还原工具界面

在图 3－8 所示界面中，选择"连接 MYSQL 服务器"，"登录名"为 root，"密码"为 111111；"备份还原的数据库"选为"rcs9700_ mysql"；"浏览"框内是备份文件名以及存放目录，文件名的形式为"rcs9700_ mysql + 日期 . bak"。点击"备份"，一直等到备份完成，一般需要 5 ~ 10 分钟。对于运行时间较长的变电站，由于历史数据较多，可能备份时间稍长，需要耐心等待。

（2）后台的备份

拷贝 D：\ RCS_ 9700 目录下的几个文件，分别是存储后台装置文本的 ini 文件夹、存储后台画面的画面文件夹、存储画面图符的 coponent 文件夹以及 bin 文件夹下面的 ini 文件夹，如图 3 -9 所示。

图 3 -9　后台备份文件夹示例

（3）数据库的还原

数据库与后台的备份与还原都是逆向操作，还原就是将原来的备份文件先还原数据库，再覆盖后台的相关文件夹。

1）SQL数据库还原

按照图3-3所示，从桌面依次点击"开始"→"所有程序"→"Microsoft SQL Server"→"企业管理器"按钮，弹出如图3-10所示界面。

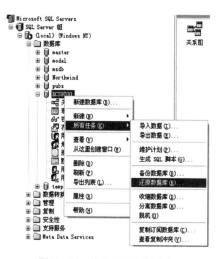

图3-10　打开还原数据库

在图3-10所示界面中，依次选择"数据库"→"RCS9700"→"所有任务"→"还原数据库"，弹出如图3-11所示界面。

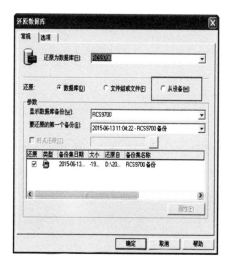

图3-11　还原数据库界面

在图 3-11 所示界面中,点击"从设备(M)",显示界面如图 3-12 所示。

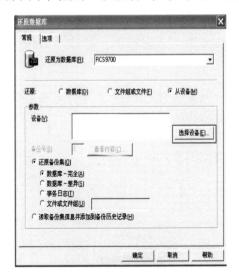

图 3-12 选择设备

在图 3-12 所示界面中,点击"选择设备",弹出如图 3-13 所示界面。

图 3-13 添加设备界面

在图 3-13 所示界面中,点击"添加",弹出如图 3-14 所示界面。

在图 3-14 所示界面中,选择"在现有数据库上强制还原",点击"确定"。

2)Mysql 数据库还原

按照图 3-15 所示,从桌面依次点击"开始"→"所有程序"→"RCS9700 厂站综合自动化系统"→"数据库备份还原"按钮,弹出如图 3-16 所示界面。

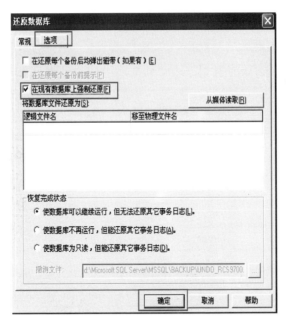

图 3－14　在现有数据库上强制还原

图 3－15　数据库备份还原

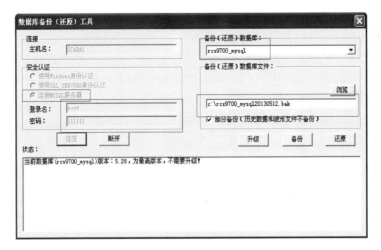

图 3－16　数据库备份还原工具

如图 3－16 所示界面中，"安全认证"选择"连接 MySQL 数据库"；"登录名"为 root，"密码"为 111111；"备份（还原）数据库"下拉列表中选择"rcs9700_ mysql"，不能采用默认；"浏览"中选择具体需要还原的文件。点击"还原"，一直到结束。

（4）后台的还原

如图 3－17 所示，覆盖监控后台存储后台装置文本的 ini 文件夹、存储后台画面的画面文件夹、存储画面图符的 coponent 文件夹以及 bin 文件夹下面的 ini 文件夹，重启后台。

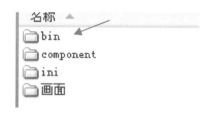

图 3－17 后台还原文件夹示例

注意：这里备份的 bin 文件夹不是全部的 bin 文件夹，只有其中的 bin/ini 文件夹有用。

2. 数据库修改

以湖州 220kV 升山变电站为例，点击后台界面的"开始"→"维护工具"→"数据库编辑"，"用户名"为系统管理员，"密码"默认 111111。进入数据库点击系统下的厂站，修改装置：修改对应测控及保护装置名称，如图 3－18 所示。

如图 3－19 所示，修改对应间隔名称及间隔内的一次设备元件名称。

注意调度编号的变更，按照图 3－20 所示，修改对应测控装置→"遥控"→"调度编号"。

注意：检查该站是否采集本次修改名称间隔测控的"装置闭锁或报警"跨间隔互报信号，如果有，需要找出对应信号接到哪个测控的哪个开入上（一般是测控装置之间互相采集或统一接到公共测控上）。修改完成点击左上角的"保存"按钮即可。

图 3-18　修改对应测控及保护装置名称

图 3-19　修改对应间隔名称及间隔内的一次设备元件名称

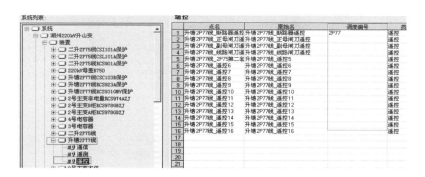

图 3-20　修改调度编号

3. 修改画面

点击后台界面的"开始"→"维护工具"→"画面编辑"，修改间隔分图中的对应名称。如图 3-21 所示，有关"升塘 2P77 线"光字及描述都修改为"升

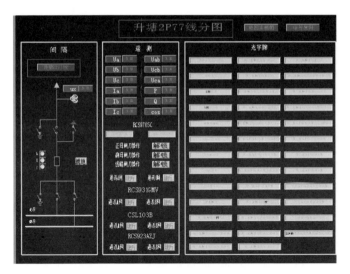

图 3 – 21　修改间隔分图中的对应名称

塘 2P99 线"。

　　双击画面，在图 3 – 22 所示"属性编辑"画面中，"标题设置"中"标题"由"升塘 2P77 线分图"修改为"升塘 2P99 线分图"，点击"确定"后保存。

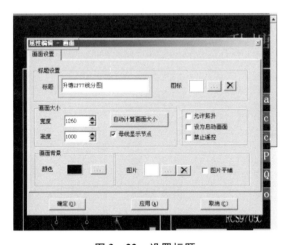

图 3 – 22　设置标题

　　在图 3 – 23 所示画面中，选择"升塘 2P77 线分图"，右键"重命名"，修改画面名称为"升塘 2P99 线分图"。

　　间隔分图修改完成后，由于间隔名称的变更，会导致主接线图与分图之间的关联切入丢失，所以主接线图到分图需重新关联。

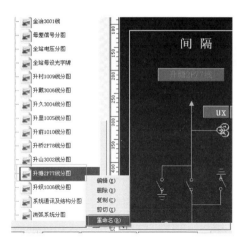

图 3－23　修改间隔分图名称

如图 3－24 所示，画面编辑下，打开主接线图，找到对应的间隔，在"标签设置"→"标签文字"中修改间隔名称标签文字。调间隔分画面采用的是"敏感点"切入方式，注意查看所调画面是否正确（前一步已经修改过分画面的名称）。

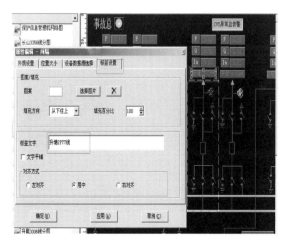

图 3－24　标签设置

在图 3－25 所示画面中，选择当前设备数据源。

如图 3－26 所示，有公共分图的注意检查其他分画面，主要为画面索引及网络状态等公共分图：

a）打开"画面索引"，查看是否有调用该间隔分画面的"敏感点"，有的话对应修改其标签文字，注意查看下调画面是否正确。

图 3 - 25　设备数据源选择

b）打开其他公用类的分图，一般有网络状态图公用测控分图等，修改对应间隔中的标签文字。

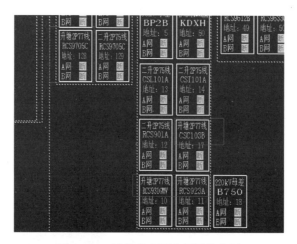

图 3 - 26　网络状态图公用测控分图

4. 后台变比更改

点击后台界面的"开始"→"维护工具"→"数据库编辑"，输入用户名"系统管理员"、密码"111111"后进入如图 3 - 27 所示"数据库维护工具"界面。

在图 3 - 27 所示"数据库维护工具"界面中，依次点击"系统"→"厂

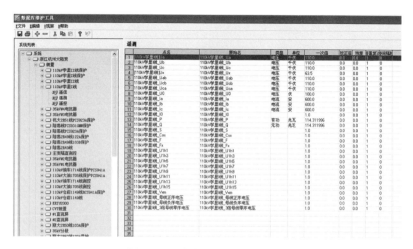

图 3 – 27　数据库维护工具界面

站"→"装置"→"测控装置"→"遥测",以原系统 600/5 改成 800/5 为例,将图中 Ia、Ib、Ic 的系数改为 800,将 P、Q 的系数改为 152.416,计算的公式为 1.732×800×110/1000 即 1.732IU/1000,改完后点击左上角"保存"按钮即可。

四、南瑞继保 PCS9700 监控系统组态

1. 数据库的备份与还原

（1）数据库的备份

PCS 后台支持工具进行完全备份，在 dos 命令行（Windows 系统可以使用组合键 win + R）或者终端（Unix 系统）里面输入 backup_ local，如图 4 - 1 所示。

图 4 - 1　输入 backup_ local 命令

在图 4 - 1 所示界面中，点击"确定"，弹出如图 4 - 2 所示界面。

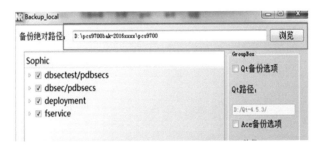

图 4 - 2　备份路径选择

如图4-2所示，在"备份绝对路径"框中填写备份的路径及备份的文件名，建议填写为 D：\ pcs9700bak - 日期 \ pcs9700 的形式，然后点击"确定"。进度条结束后，D 盘根目录就会生成相应的文件夹，备份成功。

（2）数据库的还原

数据库的备份是在线备份的，但是还原必须在离线的情况下完成。如图4-3所示，在 DOS 命令行输入命令 sophic_ stop y，点击"确定"，将后台系统的进程全部停掉。

图 4-3　输入 sophic_ stop y 命令

结束后可以通过任务管理器查看跟 PCS9700 相关的进程已经全部停掉，在命令行里输入 backup，弹出如图4-4所示界面。

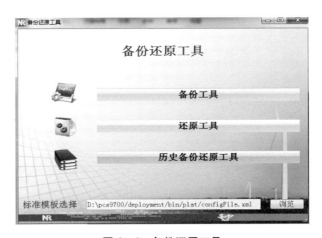

图 4-4　备份还原工具

在图 4 - 4 所示界面中，选择"还原工具"，弹出如图 4 - 5 所示界面。

图 4 - 5 选择还原的文件

在图 4 - 5 所示界面中，通过浏览找到之前备份的文件，选择"不带节点信息还原"，点击"下一步"，直至"结束"，弹出如图 4 - 6 所示界面。

图 4 - 6 数据库还原

还原结束后，可以直接重启电脑，利用后台系统的开机自启动让系统重新运行；也可以在命令行里输入 sophic_ start 启动进程，如图 4 - 7 所示。

图 4 - 7 输入 sophic_ start 命令

Linux 与 Unix 操作系统的备份/还原与 Windows 操作系统相同，只是最初进入路径有些许差别。Linux 操作系统，在桌面空白处右键→"konsole"；Unix 操作系统，右键→"工具"→"终端"，备份时均输入 backup_ local 命令，还原时输入 backup 命令，其他操作与 Windows 操作系统相同。

2. 数据库修改

点击后台软件，"开始"→"维护工具"→"数据库组态"，打开如图 4 – 8 所示界面。界面左侧目录中的"采集点配置"和"一次设备配置"都需要修改。

图 4 – 8　数据库组态工具

首先打开数据库编辑工具，点击图 4 – 8 中菜单栏中锁一样的图标（方框标出部分）将数据库切换到编辑态，弹出界面如图 4 – 9 所示。

图 4 – 9　权限校验

图 4 – 9 中，默认"用户名"是 rcs_ super，"输入密码"是 1，点击"确认"。

按照图 4 - 10 所示，选择需要修改的装置，在右边窗体列出装置的相关信息。在"装置名"→"值"文本框中输入需要的线路名称即可，图中为修改宁同4P51 线。

图 4 - 10　修改装置名

修改后，装置遥信点的名称会相应改变，如图 4 - 11 所示。

图 4 - 11　装置测点中遥信描述名

在图4-12所示界面中，修改数据库的"一次设备配置"中的"间隔名称"和一次设备名称。

图4-12 修改间隔名称

修改间隔线路名称和修改装置线路名称均可按上述操作。值得注意的是，在间隔中还含有一次设备，故一次设备名称也要修改。在如图4-13所示界面中，需要将对应"属性"的"值"进行修改。

图4-13 修改一次设备名称

此外，还需核实"装置测点"→"遥控"→"调度编号"，如图 4 – 14 所示。

图 4 – 14　调度编号

如图 4 – 15 所示，这类后台的数据库修改后会实时保存，修改的结果要生效，需要将数据库发布，点击"是"，弹出如图 4 – 16 所示对话框。

图 4 – 15　验证并发布数据库

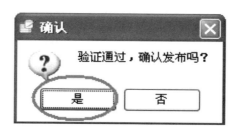

图 4 – 16　数据库确认发布

在图 4 – 16 所示对话框中点击"是",确认发布。待数据库发布成功,数据库即修改完成。

3. 画面编辑

按照图 4 – 17 所示,点击后台软件"开始"→"维护工具"→"图形组态"(旧版本的则点击后台"维护工具"→"画面编辑")打开画面编辑工具。

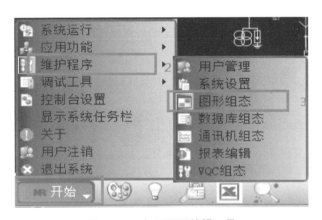

图 4 – 17　打开画面编辑工具

进入画面编辑窗口后,就可以开始逐个画面进行修改了。一般主要需要修改的是主画面、该线路的分画面,以及其他公用画面里涉及需要修改名字的线路的标签等,如全站通信状态分图。

首先修改分画面。打开需要修改的分画面,如图 4 – 18 所示。该分画面的

图 4 – 18　需要修改的分画面

名称是"220kV 宁同 4P51 线分图",鼠标右击画面空白处,选择"画面属性",如图 4 – 19 所示。

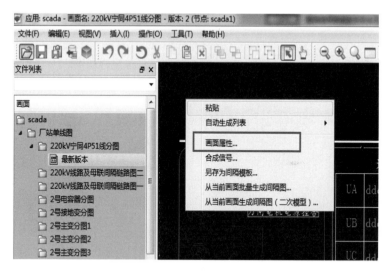

图 4 – 19 画面属性

点选之后弹出如图 4 – 20 所示对话框,修改"画面名"。

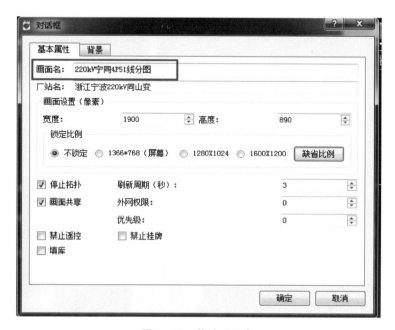

图 4 – 20 修改画面名

图4-20中"画面名"改好之后,点击图4-21所示画面左上角的"保存"按钮。

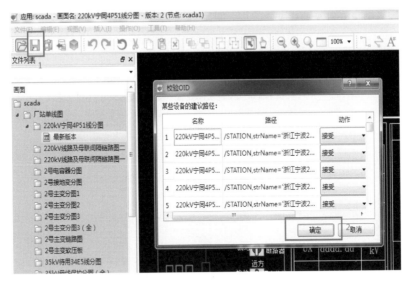

图4-21 修改分画面后保存

保存之后,软件会自动刷新该分画面上三遥的关联点。操作人员可将这些点,特别是开关位置逐个检查一遍,以确保无误。

检查分图画面是否还存在需要修改的文字标签,如果有,双击图标并修改。

最后保存,并按照图4-22所示选择"发布画面"。

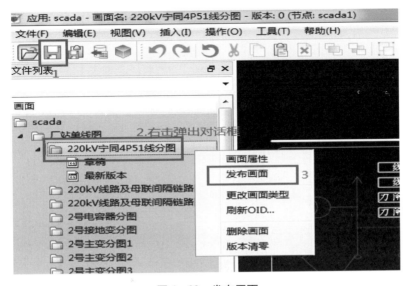

图4-22 发布画面

此时弹出如图 4 – 23 所示对话框。"增加版本号"选"是"或"否"均可，推荐选"否"。

图 4 – 23　增加版本号

按照图 4 – 24 所示，点击"画面"目录里相应的主接线图，如"宁波220kV 萧镇变主接线图"，点击需要修改线路的光敏点。

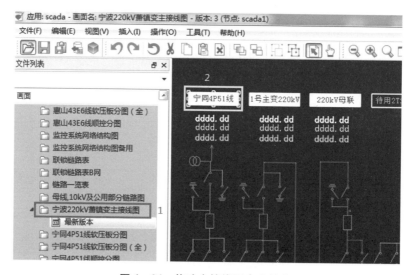

图 4 – 24　修改主接线图内光敏点

双击光敏点，如"宁同 4P51 线"，弹出如图 4 – 25 所示画面。

按照图 4 – 25 所示，修改"基本设置"里的"文字"，修改线路名称。然后按照图 4 – 26 所示，点击"动作"→"显示画面"→"替换"，"类型"通过下拉选项改为"厂站单线图"。画面"名称"通过下拉选项改为已改好的画面名。再在"基本设置"中将"文字"内容改为需要改成的线路名称，最后点击对话框下面的"确定"。

上述步骤完成之后，按照图 4 – 27 所示画面，点击左上角的"保存"按钮并发布画面，在弹出对话框中选择"确定"。至此主画面上的名称修改完毕。

图4-25　光敏点设置-基本设置

图4-26　光敏点设置-动作

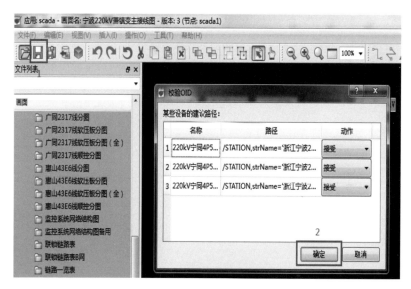

图 4 - 27　保存并发布画面

部分变电站有顺控应用，修改线路名称后需将顺控中涉及的相应线路名称进行修改，主要是顺控票中的操作票名和任务描述。

在 DOS 命令下（Windows 系统）或者右键→"工具"→"终端"（Unix 系统）输入 scontroleditor，进入"顺控流程定义"画面，如图 4 - 28 所示。

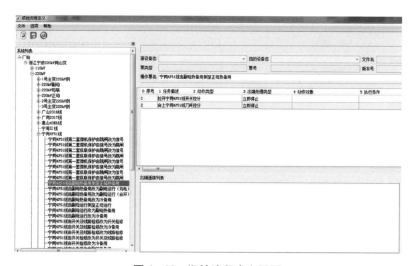

图 4 - 28　顺控流程定义画面

按照图 4 - 29 所示，找到需要修改的间隔，点开间隔可以看到该间隔下所有的操作票，点击操作票下包含的操作任务。

图4-29 修改操作票名和任务描述

如图4-29所示，方框1所示的地方在上面修改一次设备名后会自动对应修改过来。而"操作票名"和"任务描述"则需要进行修改。"操作票名"在图4-29中的方框4中修改，"任务描述"则在方框3中修改。

上述修改完之后，点击图4-30画面左上角的保存按钮进行保存，然后点击保存按钮左边的发布按钮发布，即可完成顺控流程库修改。

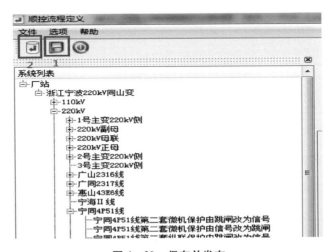

图4-30 保存并发布

对于公用信号修改，则检查画面索引、网络分图、光字牌索引等涉及修改线路间隔的画面，确认对应文字描述是否需要修改。

4. 后台变比更改

点击后台界面的"开始"→"维护程序"→"数据库组态"（或在 dos 窗口输入 pcsdbdef 命令），在图 4－31 所示画面中，依次点击"采集点配置"→"厂站分支"→对应厂站→对应装置→"装置测点"→"遥测"。

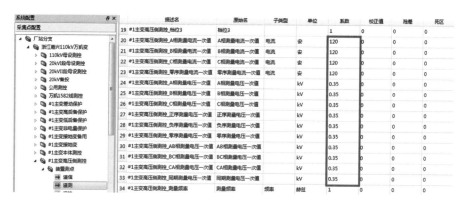

图 4－31　修改系数

a）采用 61850 规约通信，对下接的装置为 RCS 测控装置与 RCS 保测一体装置。

RCS9700C 测控装置上送一次值，修改变比只需修改测控装置的定值，后台无需变动；而 RCS9600C 型保测一体装置上送二次值，所以后台的系数为一二次的比值。例如现场变比为 600/5，后台系数只需要设置为 120；若变比修改为 800/5，只需要将图 4－31 中"系数"值 120 更改为 160。

电压功率同样以二次值上送，以 35kV 为例，后台的系数应为 0.35。日常维护中 TA 变比修改不涉及电压，所以电压系数无需修改。有功、无功的系数计算为后台电流的系数×电压的系数/1000，单位为 MW/Mvar。

当 TA 变比为 600/5、电压为 35kV/100V 时，功率的系数如图 4－32 所示。

图 4－32　有功功率/无功功率的系数

b）采用61850规约通信，对下接的装置为PCS装置。装置直接上送一次值，变比在测控装置设备参数中设置，后台系数无需修改。

c）采用103规约通信，装置一般上送二次值码值。此时系数的计算如下：

以TA变比为600/5、电压为110kV/100V为例，电流系数填写600，电压系数为110，有功、无功系数为 $1.732 \times 110 \times 600 / 1000 = 114.312$。

修改完毕，验证发布。

五、国电南自 PS6000 + 监控系统组态

1. 备份数据库

如图 5 - 1 所示，在桌面上依次点击"开始"→"维护程序"→"数据库组态"按钮。

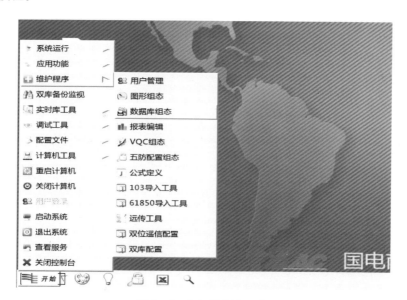

图 5 - 1　打开数据库组态

在图 5 - 2 所示"配置库编辑器"画面中，"用户表"选为"系统管理员"，"密码"为 SAC。

在图 5 - 3 所示画面中，继续备份点击"是（Y）"按钮。

弹出图 5 - 4 所示画面，"备份方式"选择"xml 备份方式"，点击"备份"。

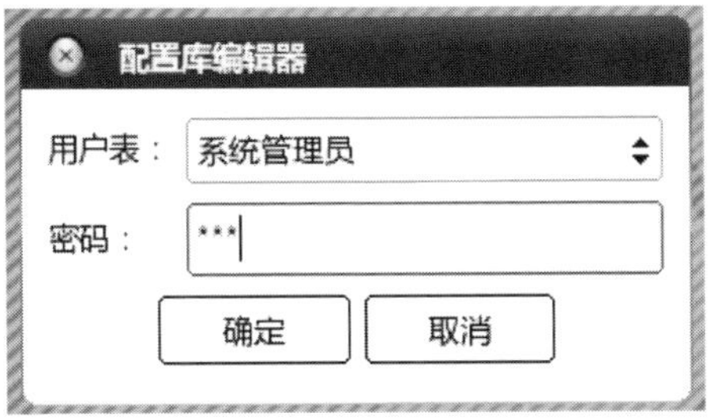

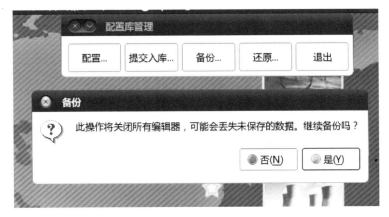

图 5 - 2　配置库编辑器

图 5 - 3　选择继续备份

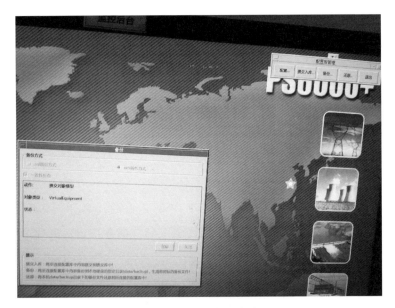

图 5 - 4　选择备份方式

备份成功后，关闭数据库组态。按照图 5 - 5 所示，右键点击桌面，选择"文件夹"➜"文件管理程序 - 起始"，进入图 5 - 5 中所示路径，commit 压缩包就是备份文件，后面显示的是日期。

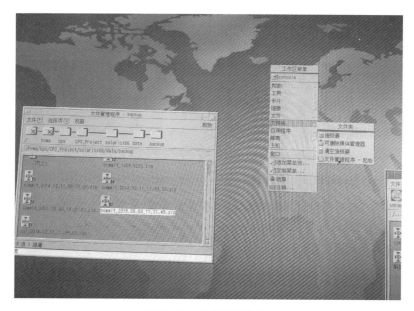

图 5 - 5　文件管理程序

2. 数据库修改

（1）关键字替换

如图 5 - 1 所示，在桌面上依次点击"开始"➜"维护程序"➜"数据库组态"。如图 5 - 6 所示，在"配置库管理"窗口选择"配置…"按钮，打开"对象导航器（配置库）"窗口，点击变电站前面"＋"，打开折叠文件夹，找到要修改间隔文件夹，点右键，点击"关键字替换"。

按照图 5 - 7 所示，在"查找关键字"中输入修改前名称，"替换关键字"中输入修改后名字，点击"增加"➜"确定"，等待数秒即可。若修改后显示的内容无变化，可以关闭"对象导航器（配置库）"窗口，重新打开再看。

（2）修改遥测点系数

按照图 5 - 8 所示，点击"对象导航器（配置库）"➜"视图"➜"对象属性编辑器"➜"表格编辑器模式"。

图5-6　对象导航器（配置库）

图5-7　关键字替换

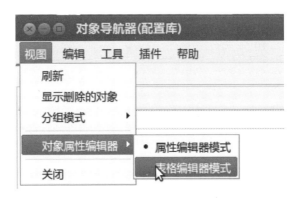

图5-8　表格编辑器模式

按照图5-9所示步骤，找到对应间隔在"测量LD"模块下的"遥测点"，修改"系数"。其中，电流系数（单位：A）为1.2×（TA一次额定值）/4096【或者（新TA）/（老TA）×（原电流系数）】；功率系数（单位：MW）=1.2×

1.732×（TA 一次额定值）×（TV 一次额定值）/4096000【或者（新 TA）／（老
TA）×（原功率系数）】

图 5 - 9　修改遥测点系数并保存

变比修改完成后，提交入库并通知 OMS，此步骤和下面"画面修改"中提交入库操作一致。

（3）修改遥信名称

如图 5 - 1 所示，在桌面上依次点击"开始"→"维护程序"→"数据库组态"按钮。在图 5 - 10 所示画面中，"配置库管理"窗口选择"配置…"按钮，

图 5 - 10　修改遥信名称

打开"对象导航器（配置库）"窗口，点击变电站前面"＋"，打开折叠文件夹，找到要修改间隔文件夹下"遥信"。双击要修改的"遥信"，在弹出的"对象属性编辑器（配置库）"窗口中，"名称"栏中修改名称，点击"文件"→"保存"进行保存，然后关闭"对象导航器（配置库）"窗口。

光字牌显示的是所关联数据库里遥信名称，修改好遥信名称后，画面上光字牌对应同步修改好。

3. 画面修改

按照图5-1所示，在桌面上依次点击"开始"→"维护程序"→"数据库组态"按钮。

在图5-11中，"用户表"选为"系统管理员"，"密码"为SAC。

图5-11 用户校验

如图5-12所示，在"画面编辑器-[ ]"窗口左栏"接线图"中找到需要修改的画面，双击打开画面。点击"查看"菜单，选择"预览"（可以显示光字牌文字）；选择"属性编辑"打开右栏"属性编辑"窗口，如图5-13所示。

在图5-13中选中需要修改的文字后（文字位于操作点（调画面用）方框下方，选中方框，上下键移开，再选中文字），在右栏"属性编辑"窗口"文本"栏中修改文字，点击"应用"生效。移动过操作点的改好文字后要移动回原处。保存，关闭"画面编辑器-[ ]"窗口。

前文中"数据库修改"和"画面修改"所述操作完成后，需要提交入库才能生效。

图 5 – 12　画面编辑器

图 5 – 13　属性编辑

再次按照图 5 – 1 所示，从桌面依次点击"开始"→"维护程序"→"数据库组态"按钮。按照图 5 – 14 所示，在"配置库管理"窗口中点击"提交入库…"按钮，在"提交入库"窗口中点击"是（Y）"按钮。

如图 5 – 15 所示，如果改动少，在"提交"窗口中，"提交选项"选择"增量提交"；如果改动较多，则选择"完全提交"。"一致性检查"选项可以勾选，也可以不勾选。点击"提交"。

图 5 –14　提交入库

图 5 –15　提交选项

上述操作中，如果"提交选项"选择"增量提交"，提交好后，在"通知OMS"窗口点击"是（Y）"按钮，如图 5 –16 所示。

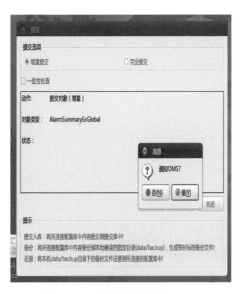

图 5 –16　增量提交通知 OMS

在线系统窗口中进入修改过的画面，点击"重新加载"按钮（在线系统窗口左上角）。如果提交时选的是"完全提交"，提交好后，需要在"开始"菜单里点击"退出系统"，再点击"启动系统"，重启在线系统，如图 5 – 17 所示。密码为 SAC。重启后即完成操作。

图 5 – 17　开始菜单

六、深瑞 ISA300 + 监控系统组态

1. 数据库备份

首先在监控系统程序中找到图 6 - 1 所示图标，双击，登录数据库维护工具。

数据库维护工具.1nk

图 6 - 1　数据库维护工具图标

如图 6 - 2 所示，在左侧"目录树"中找到"（local）"，右键点击，再点击弹出的"连接服务器"选项，进入图 6 - 3 所示界面。

图 6 - 2　数据库维护工具界面

图 6-3　用户登录界面

如图 6-3 所示，"用户登录"对话框中，"用户"为 sa，"密码"为 sa，点击"确定"后"（local）"下弹出如图 6-4 所示菜单。

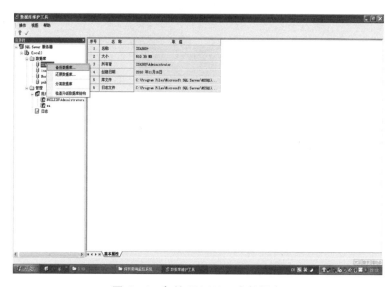

图 6-4　备份 ISA300 + 主数据库

如图 6-4 所示，右键点击"ISA300 +"，选中"备份数据库"进行 ISA300 + 主数据库备份，弹出"另存为"对话框，进入备份文件夹，在其中新建文件夹，如图 6-5 所示。

按照图 6-6 所示，重新命名新建文件夹，假设在 2010-11-16 进行第一次备份，则命名为"2010111601"后，点击"打开（O）"按钮。

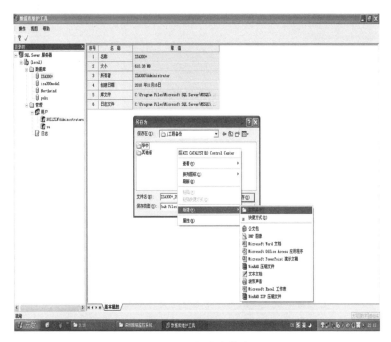

图 6 - 5 新建文件夹

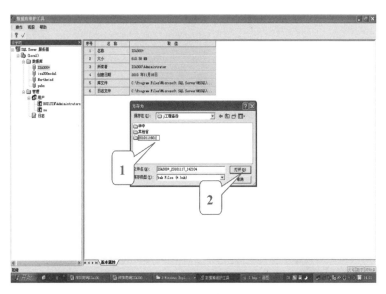

图 6 - 6 文件夹重命名并打开

如图 6 - 7 所示，点击"保存（S）"按钮后，若历史数据较大，则需等待一段时间后弹出"数据库（ISA300 +）备份成功"菜单，点击"确定"。可用同样的方法备份模板数据库"isa300model"。

图 6 - 7　保存

如图 6 - 8 所示，数据库（isa300model）备份成功后，关掉此界面，整个数据库的备份工作完成。

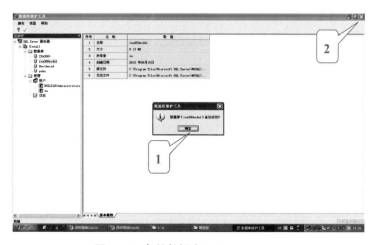

图 6 - 8　备份数据库（isa300model）

2. 修改数据库

修改间隔名称时，首先在监控系统程序中找到图 6 - 1 所示图标，双击，登入数据库维护工具。

如图 6 - 9 所示，在"文件"菜单中，点击"打开上次连接"，弹出如图 6 - 10 所示"用户登录"对话框。

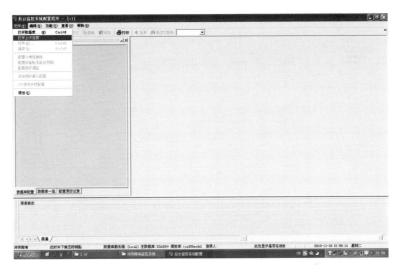

图6－9　后台监控系统配置程序

在图6－10所示对话框中选中用户名"szNari"，输入密码"a"，点击"登录"，则进入图6－11所示界面。

图6－10　用户登录对话框

如图6－11所示，点击图中"厂站配置"菜单下的本变电站（如"南通秀山变"）名字前的"＋"，展开图6－12所示界面。

按照图6－12所示，单击"二次设备配置"（图中1），右侧界面中会出现所有的二次设备的"单元名称"（图中2），找到需要修改的间隔的保护设备名称（图中3），单击该间隔的单元名称，即可修改。

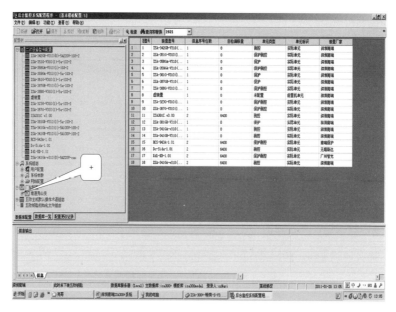

图 6-11　展开要修改的变电站

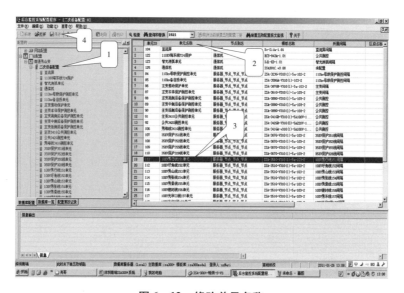

图 6-12　修改单元名称

　　对应的单元名称修改之后，鼠标在其他空白处单击一下。会发现原来的"保存"按钮由灰色不可选（如图 6-12 中 4）变成如图 6-13 所示的深色按钮可选（图 6-13 中 1）。

　　如图 6-13 所示，单击"保存"按钮（注意一定要保存），确认一下刚才改动

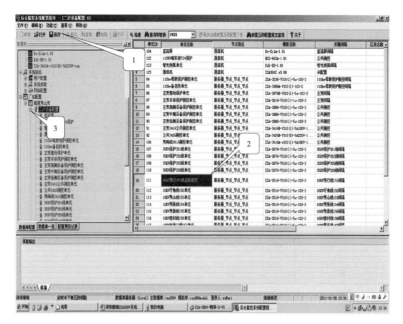

图 6-13　保存修改好的单元名称

的名称已经修改（图 6-13 中 2），此时"二次设备配置"中的修改就完成了。单击"二次设备配置"前的"-"（图 6-13 中 3），显示图 6-14 所示界面。

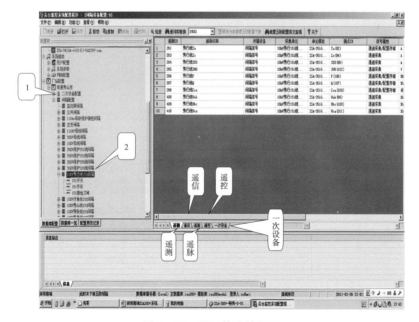

图 6-14　需要修改的间隔

如图 6 – 14 所示，在右侧对话框中会出现"遥测""遥信""遥脉""遥控""一次设备"5 个选项，依次单击。

如图 6 – 15 所示，单击各名称，依次进行修改，修改名称后在空白处单击，当"保存"按钮变成深色后，单击"保存"（很重要）。再确认一下所改的名称是否已修改，如果没有修改成功，确认一下是否正确保存。

图 6 – 15　依次修改遥测、遥信、遥脉、遥控一次设备的名称

至此，数据库中的修改完成。若还有其他间隔需要修改，重复以上步骤。

3. 修改 TA 变比

首先登入数据库配置工具，在监控系统程序中找到图标 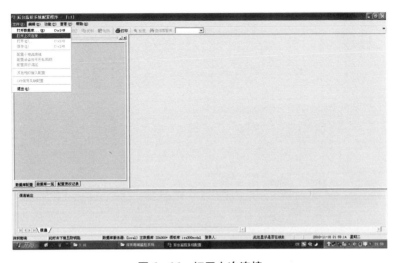数据库配置工具.lnk ，双击打开。按照图 6 – 16 所示，在"文件（F）"菜单中，点击"打开上次连接"，弹出如图 6 – 17 所示"用户登录"对话框。

图 6 – 16　打开上次连接

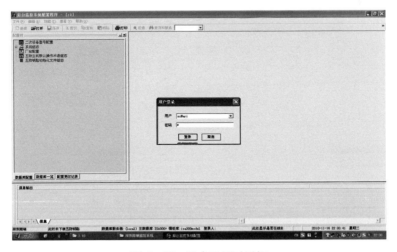

图 6 – 17　用户登录对话框

在图 6 – 17 所示对话框中选中用户名"szNari"，输入密码"a"，点击"登录"，则进入图 6 – 18 所示界面。

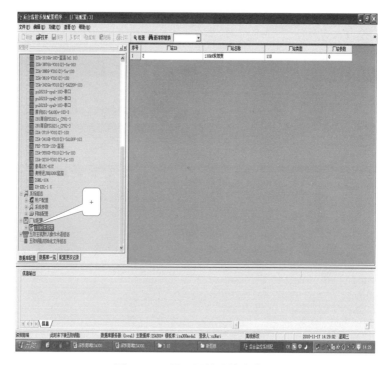

图 6 – 18　展开要修改的变电站

如图 6 – 18 所示，点击图中"厂站配置"菜单下的本变电站（如"110kV 东郊变"）名字前的"＋"，展开如图 6 – 19 所示的界面。

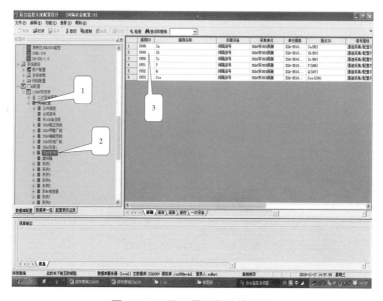

图 6 – 19　展开需要修改的间隔

如图 6-19 所示，点击"间隔配置"前的"+"，展开本站一次设备对应的间隔，左键选中此次修改 TA 变比的间隔，右侧出现该间隔的遥测量。

如图 6-20 所示，找到需要修改变比的行，双击相应行前的序号部位，弹出图 6-21 所示的"遥测属性配置"界面。

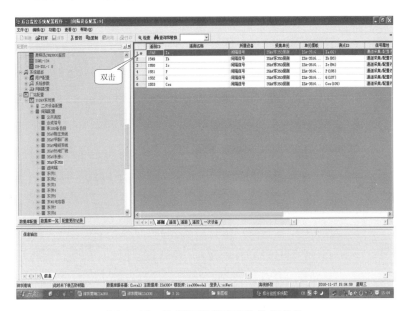

图 6-20　选择需要修改变比的行序号

图 6-21　遥测属性配置界面

在图 6-21 所示对话框中修改"一次变比系数"（若实际 TA 为 600A/5A，TV 为 35kV/100V，则一次变比系数电流为 120，电压为 0.35，有功、无功为

（120×0.35）/1000＝0.042），修改完毕后点击"确定"键关闭对话框，并点击"保存"按钮。

若还有其他间隔需要修改，重复以上步骤，最后关掉此界面即可。至此后台系统变比修改完毕。

4. 修改画面

在监控系统程序中找到如图6－22所示图标（一般后台机桌面上均能找到），双击打开，出现如图6－23所示界面。

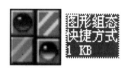

图6－22　图形组态快捷方式图标

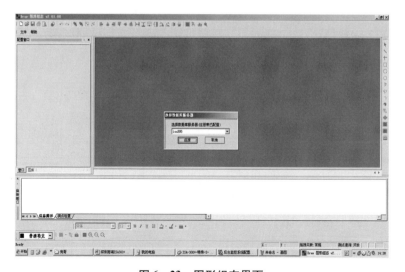

图6－23　图形组态界面

单击如图6－23中，"连接"按钮，弹出如图6－24所示界面。

图6－24中，"用户"为"szNari"，"密码"为"a"，点击"登录"，出现图6－25所示界面。

（1）修改主画面

图6－25中，在左侧区域可以找到主接线图，以及各个间隔的分画面图形。双击对应的".pic"文件（图6－25中位置1），右侧对话框就会出现相应的图

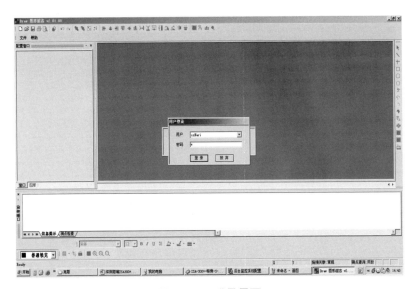

图 6 - 24　登录界面

形（图 6 - 25 中位置 2）。在右侧对话框，通过移动鼠标滚轮，或者拖动图中 3、4 滑块，可以找到想要修改的间隔位置。双击间隔上面的文字即可修改，如图 6 - 26 所示。

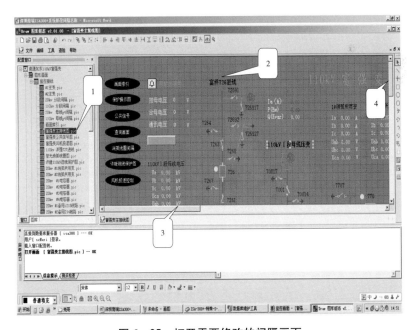

图 6 - 25　打开需要修改的间隔画面

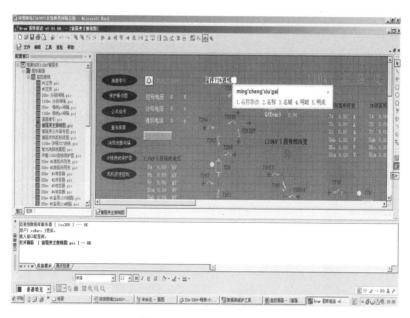

图 6 – 26　修改间隔名称

如图 6 – 26 所示，在主画面上的间隔名称修改之后，鼠标单击空白处，点击"文件"菜单，出现如图 6 – 27 所示界面。

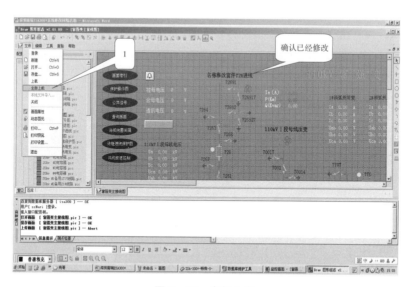

图 6 – 27　全部上载

如图 6 – 27 所示，单击"全部上载"（图 6 – 27 中位置 1，注意不要点存盘），出现如图 6 – 28 所示界面。

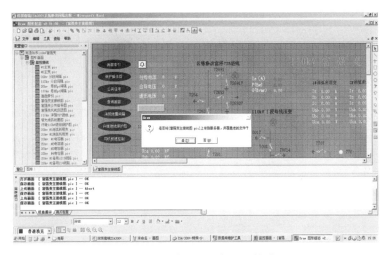

图6-28　确认间隔名称已修改

如图6-28所示，单击"是（Y）"，完成之后，再次确认一下名称是否已修改，如没有，重新确认操作正确与否。

（2）修改分画面

如图6-29所示，主画面上的间隔名称修改后，在左侧区域找到相应的分画面，此时分画面上反映的信息比较多，所以需要修改的地方会比较多（如图6-29中1、2、3位置），修改的方法同前。

同样，修改完成之后，一定要"全部上载"，切记不要遗漏此步骤。

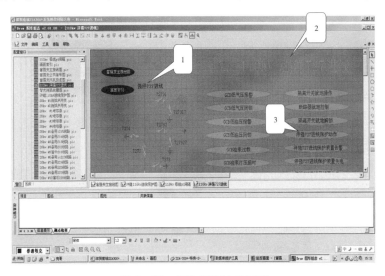

图6-29　修改相应的分画面

（3）关联跳转画面

如图 6 - 30 所示，修改左侧区域相应间隔的分画面"XXX. pic"名称，修改完成后，需要重新关联跳转画面。具体操作如下：

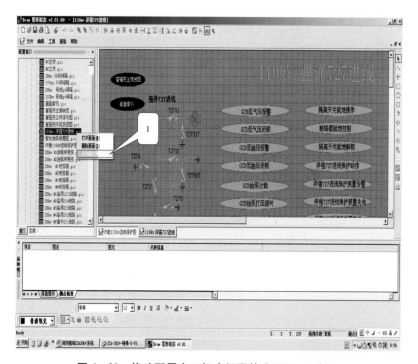

图 6 - 30　修改配置窗口相应间隔的分画面 pic 名称

在左侧区域找到要修改的".pic"间隔，右击该间隔名称（图 6 - 30 中位置 1），点击"名称属性修改（R）"，出现如图 6 - 31 所示界面。

在图 6 - 31 所示"画面名称"一栏输入需要更改的名称（图 6 - 31 中位置 1），完成之后，单击"确定"。画面会刷新，此时刚刚修改的".pic"位置会变到在左侧区域的最下面（图 6 - 32 中位置 1）。注意同样需要"全部上载"。

值得注意的是，由于主画面上每个间隔都关联了到分画面的跳转画面，因此在监控画面上单击每个间隔上的名字，会跳转到这个间隔，查看更详细的间隔信息，如图 6 - 33 所示。

在图 6 - 33 中，单击"强洋 727 进线"（图 6 - 33 中位置 1），会跳转到此间隔的分画面，如图 6 - 34 所示。

在图 6 - 34 中，单击"富强变主接线图"（图 6 - 34 中位置 1），可以跳转回

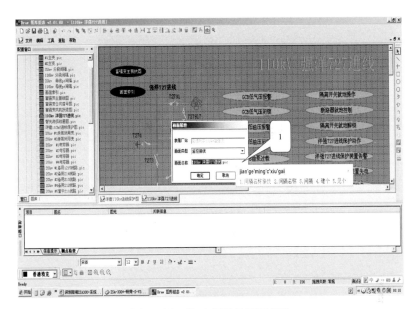

图 6 – 31　修改间隔的画面名称

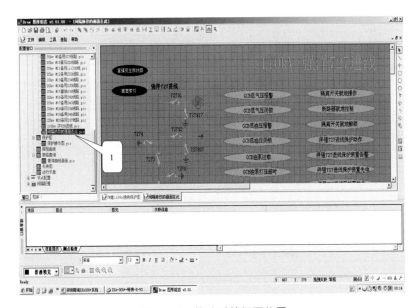

图 6 – 32　修改后的间隔位置

主画面。但是由于相应间隔的".pic"文件名称已经更改，此时从主画面跳转到该分画面的跳转功能失效，需要重新进行关联跳转。此操作，仍在 ![图] 图形组态中完成。

如图 6 – 35 所示，在左侧区域内，找到主接线图（图 6 – 35 中位置 1 "富强

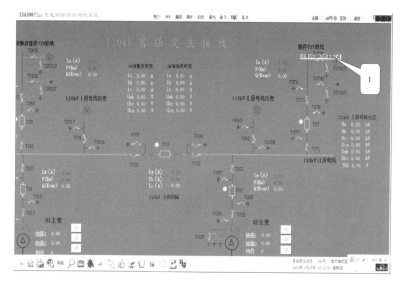

图 6 - 33 从主画面跳转到分画面

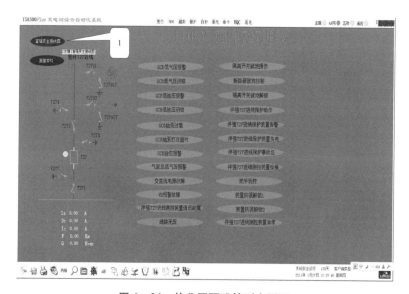

图 6 - 34 从分画面跳转到主画面

主接线图.pic"），双击打开。在对话框上方工具栏中，找到 （图 6 - 35 中位置 2）按钮，单击，选择"鼠标左键"（图 6 - 35 中位置 3）。然后，在左侧区域内，找到刚才修改的".pic"文件，如图 6 - 36 所示。

注意，此时图 6 - 36 右侧画面仍是主接线画面，不要双击所修改的".pic"画面，让右侧画面保持在主接线图上。

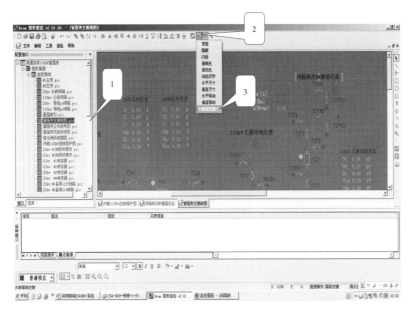

图 6 – 35　从主画面找到需要跳转到的分画面名称

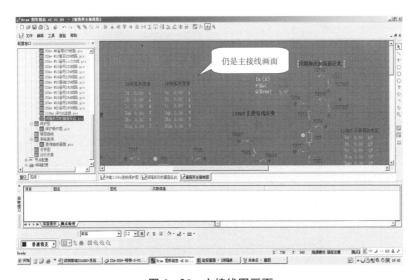

图 6 – 36　主接线图画面

如图 6 – 37 所示，鼠标左键单击选中已经更改的 ".pic" 文件（图 6 – 37 中位置 1），不要松开鼠标左键。此时会看到一排灰色的字样可以随着鼠标挪动（图 6 – 37 中位置 2），将这个灰色的阴影字样，拖到需要修改的画面间隔名称上面（图 6 – 37 中位置 3）松开鼠标左键。至此，重新关联跳转完成。注意，拖动的时候，不要松开鼠标，直到拖到修改的间隔画面上的文字时，再松开。同样，仍需要选中"文件"中的"全部上载",切记。

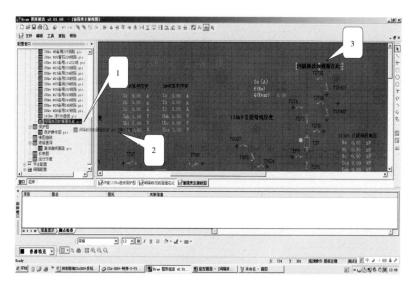

图 6 – 37　重新关联从主画面跳转到分画面

如图 6 – 38 所示,对于有画面索引的画面(图 6 – 38 中位置 1、2),同样需要重新关联这个".pic"文件修改的画面的跳转。操作与上面相同。

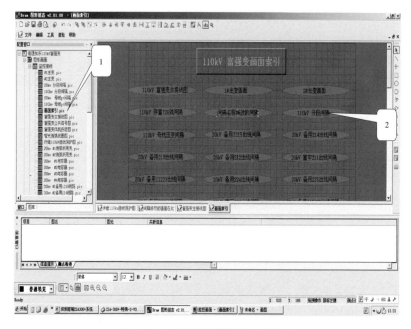

图 6 – 38　有画面索引的重新关联

上述修改结束后，可以分别关掉 "数据库维护工具" 和 "图形组态"。重新打开，查看是否修改成功。若修改成功，重新启动服务器以及客户端即可。

修改结束后，可按照前面所述，备份最新修改后的数据库，以备以后使用。注意这一点较重要，不要遗漏。

七、深瑞 PRS7000 监控系统组态

1. 数据库备份

首先到桌面，右键→打开终端→输入 dbManager 命令，如图 7－1 所示。

图 7－1　输入 dbManager 命令

在图 7－1 所示界面中，输入 dbManager 命令后回车，弹出如图 7－2 所示界面。

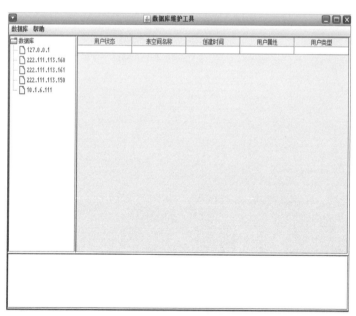

图 7－2　数据库维护工具

右键点击图7-2中"127.0.0.1"，点击"打开"，进入图7-3所示界面。

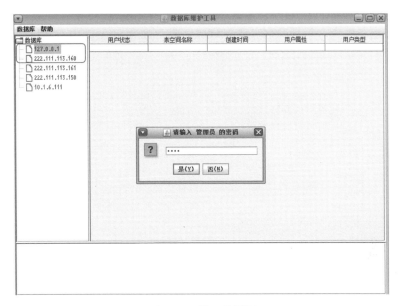

图7-3　管理员界面

如图7-3所示，"请输入管理员的密码"对话框中，输入"nari"，点击"是（Y）"后弹出图7-4所示界面。

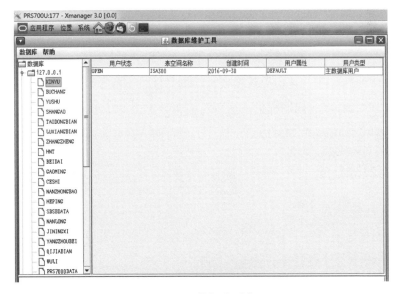

图7-4　数据库列表

在图 7 - 4 左侧区域找到"PRS7000",右键点击,在展开菜单中选中"数据库导出"进行 PRS7000 主数据库备份,弹出"保存"对话框,进入备份文件夹,在其中新建文件夹。重新命名新建文件夹,如当前时间是 2016 - 10 - 31 第一次备份,则命名为"20161031"后,点击"保存",如图 7 - 5 所示。

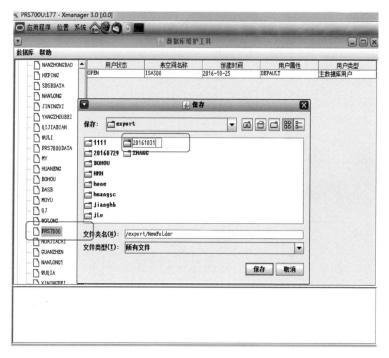

图 7 - 5 备份数据库 PRS7000

点击"保存"后,若历史数据较大,则需经过十数秒后,弹出"备份成功"菜单,点击"确定"。用同样的方法备份模板数据库 PRS7000DATA。

备份模板数据库 PRS7000DATA 后,关掉页面,整个数据库的备份工作完成。

2. 修改数据库

(1)用户登录

后台操作之前首先登录操作人及监护人,登入方法如图 7 - 6 所示。

(2)修改二次设备单元名称

如图 7 - 7 所示,点击"厂站配置"→"××变"→"二次设备配置",选择需要修改间隔对应的二次设备单元,双击单元名称,输入正确的二次设备单元名称。

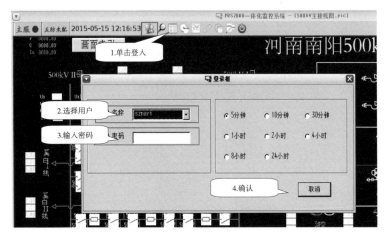

图7-6　用户登录

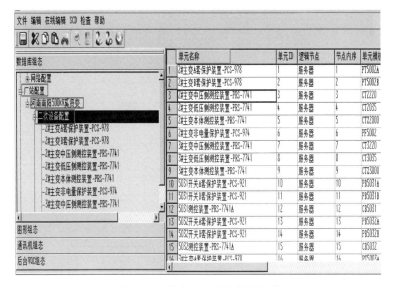

图7-7　修改二次设备单元名称

（3）修改间隔名称

如图7-8所示，点击"厂站配置"→"××变"→"间隔配置"，选择需要修改的间隔单元，双击单元名称，输入正确的间隔名称。

（4）修改间隔信号名称

1）修改一次设备名称

如图7-9所示，点击"厂站配置"→"××变"→"间隔配置"→"××间隔"，点击需要修改的间隔（图7-9中位置1），右侧出现该间隔的四遥信息

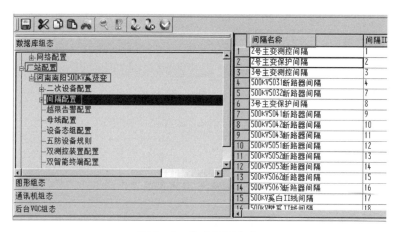

图 7 – 8　修改间隔名称

和一次设备。

　　点击"一次设备"（图 7 – 9 中位置 2），修改需修改的一次设备名称。

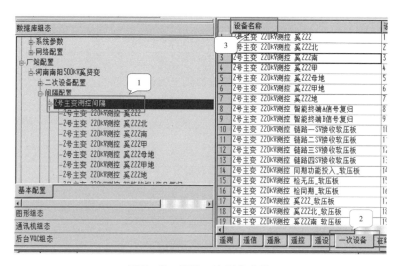

图 7 – 9　修改一次设备名称

　　2）修改遥信名称

　　如图 7 – 10 所示，点击"遥信"（图 7 – 10 中位置 2），修改需修改的遥信名称。

　　3）改遥控名称

　　如图 7 – 11 所示，点击"遥控"（图 7 – 11 中位置 2），修改需修改的遥控名称。

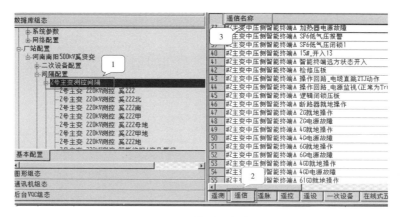

图 7 - 10　修改遥信名称

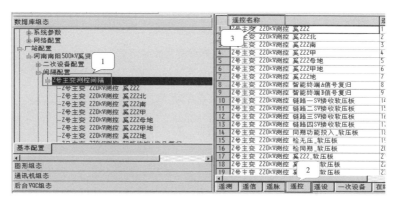

图 7 - 11　修改遥控名称

修改完后点击左上角"保存"按钮进行保存。若还有其他间隔需要修改，重复以上步骤。修改完成后重新启动监控系统即可。

3. 修改 TA 变比

如图 7 - 12 所示，点击"厂站配置"→"××变"→"间隔配置"，展开本站对应的间隔，左键选中此次修改 TA 变比的间隔（如"2号主变测控间隔"），右侧出现该间隔的遥测量。

找到需要修改变比的行，修改一次变比系数（若实际 TA 为 600A/5A，TV 为 10kV/100V，则一次变比系数电流为 120，电压为 0.1，有功、无功为（120 × 0.1）/1000 = 0.012），修改完后点击左上角"保存"按钮进行保存。若还有其他间隔需要修改，重复以上步骤。

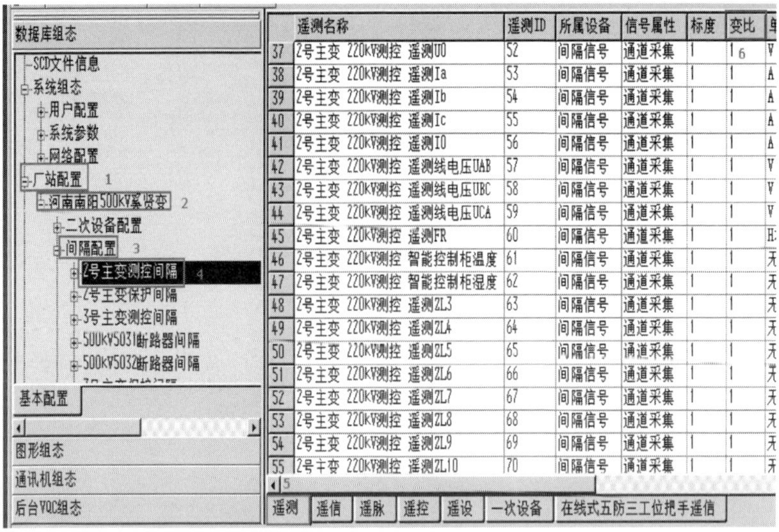

图 7 – 12　展开需要修改的间隔

修改完成后重新启动监控系统即可。

4. 修改监控画面

如图 7 – 13 所示，在 cfgtool 配置工具中点击"图形组态"（红框标注），进入修改监控画面界面。

图 7 – 13　进入修改监控画面界面

如图 7-14 所示，在左侧监控图形列表中选择要修改的那页图形（例如"主接线图"），双击后打开该图，然后在该图中修改需要修改的线路名称（例如"#1 集电线路"）。双击文字部分，弹出如图 7-15 所示界面。

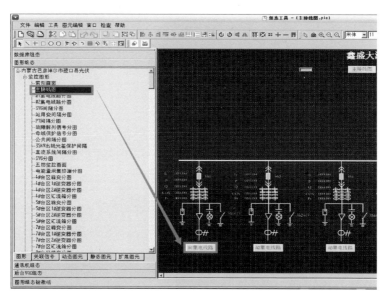

图 7-14　选择需要修改的图形

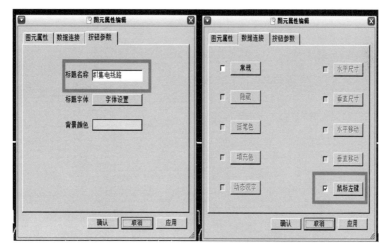

图 7-15　按钮参数和数据连接界面

如图 7-15 所示，"按钮参数"界面中，"标题名称"为"#1 集电线路"，点击"数据连接"，勾选"鼠标左键"，点击"确认""应用"，弹出如图 7-16 所示界面。

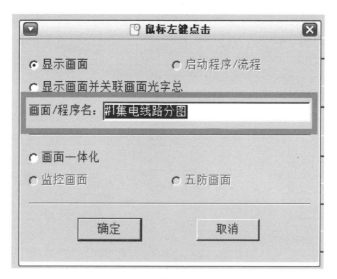

图 7 – 16　修改画面名称

在图 7 – 16 中修改需要修改的名称，点击"确认""应用"。至此，就改好了主接线图的一个支路名称。

然后修改分图里的支路名称，首先修改该支路的图形文件的名称。如图 7 – 17 所示，选择该分图（例如"#1 集电线路分图"），右键，点击"名称属性更改（R）"。弹出如图 7 – 18 所示界面。

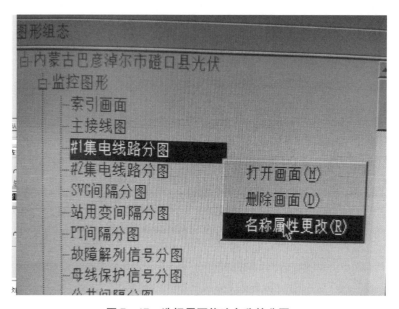

图 7 –17　选择需要修改名称的分图

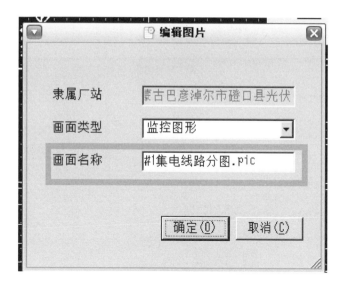

图 7 – 18　修改确认需要修改的画面名称

按图 7 – 18 ~ 图 7 – 20 所示，修改画面名称。

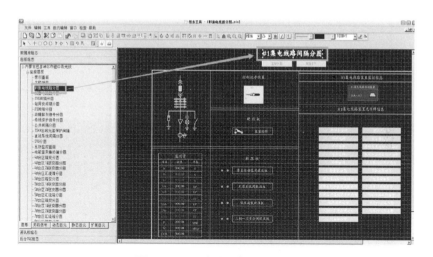

图 7 – 19　双击需要修改的名称

修改完的分图画面如图 7 – 21 所示，注意检查画面中涉及的所有名称，确定该分图修改是否完毕。

然后检查一共有多少张图涉及该支路的名称，常见的有主接线图、分图、画面索引图等。每个站配置不同，需要现场工作人员注意检查和修改。

点击左上角"文件"，选择保存配置即可。

最后，重启监控程序，即可完成修改。

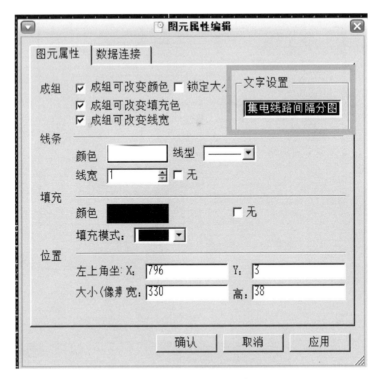

图 7 - 20　修改画面名称

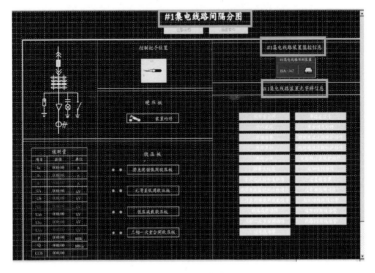

图 7 - 21　修改完的分图画面

八、上海思源 SUPER5000V2 监控系统组态

1. 数据库备份

首先在 super5000/tmp/backup/ 文件夹内按日期创建文件夹。

备份数据库方法如下：

打开终端，依次输入：

cd super5000 回车

cd tmp 回车

cd backup 回车

cd 20170501 回车（20170501 改为自己创建的文件夹名）

dbutils out – S1 – Dsuperdb – NQ 回车

即完成导出数据库表到创建的文件夹。

2. 修改画面

将鼠标移到屏幕最下方 super5000 控制台的菜单栏，出现如图 8 – 1 所示画面。

图 8 – 1 super5000 控制台菜单栏

如图 8 – 2 所示，点击"开始"→"程序"→"维护工具"→"画面编辑"。

点击图 8 – 2 中"画面编辑"选项，输入密码"sa"，进入图 8 – 3 所示界面。

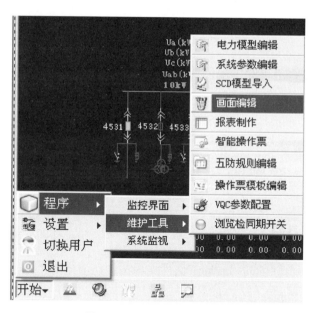

图 8-2　展开画面编辑选项

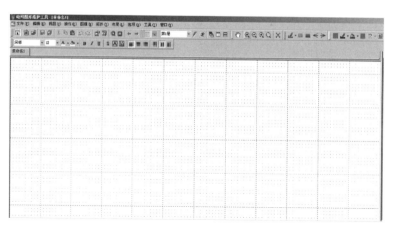

图 8-3　电网图形维护工具界面

依次点击图 8-3 左上角"文件"→"打开图形"，选择要修改的图形，点击打开，如图 8-4 所示。

如图 8-4 所示，如要修改"配出 4"为"超越 I 线"，双击"配出 4"，出现如图 8-5 所示界面。

在图 8-5 所示界面中，在"显示标签"里将"配出 4"改为"超越 I 线"，修改完后点击"确定"即可。

同时修改分画面里的间隔名，打开分画面，如图 8-6 所示。

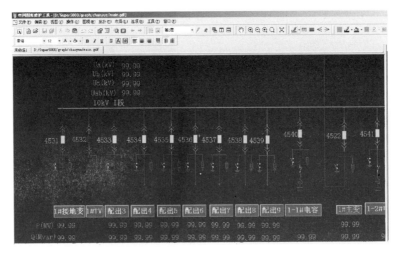

图 8-4 需要修改的图形界面

图 8-5 修改主画面间隔名

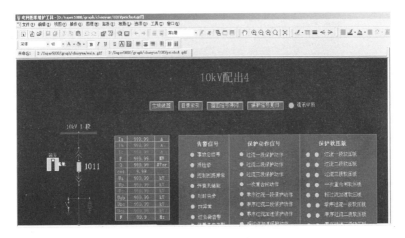

图 8-6 需要修改的分画面

如图 8 - 6 所示，双击"10kV 配出 4"，弹出如图 8 - 7 所示的"文本输入"框。输入"10kV 超越 I 线"，改好后点击"确定"即可。

调度编号和光字牌名称修改方法与间隔名修改方法相同。

图 8 - 7　修改相应分画面的间隔名

3. 修改数据库

（1）修改线路名称

将鼠标移到屏幕最下方 super5000 控制台的菜单栏，出现如图 8 - 8 所示画面。

图 8 - 8　**super5000** 控制台菜单栏

如图 8 - 9 所示，在电脑桌面依次点击"开始"→"程序"→"维护工具"→"电力模型编辑"选项。

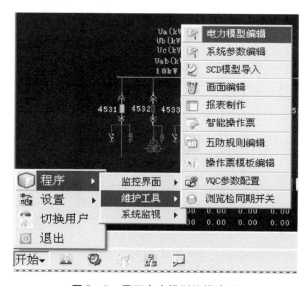

图 8 - 9　展开电力模型编辑选项

如图8-10所示，在打开的"参数数据库配置-［］"界面中，依次点击"操作（O）"，选择"设备改名向导"，出现如图8-11所示界面。

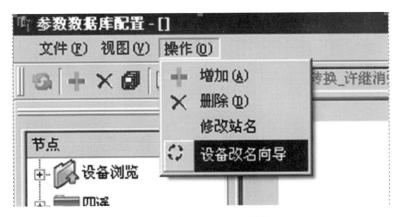

图8-10 参数数据库配置界面

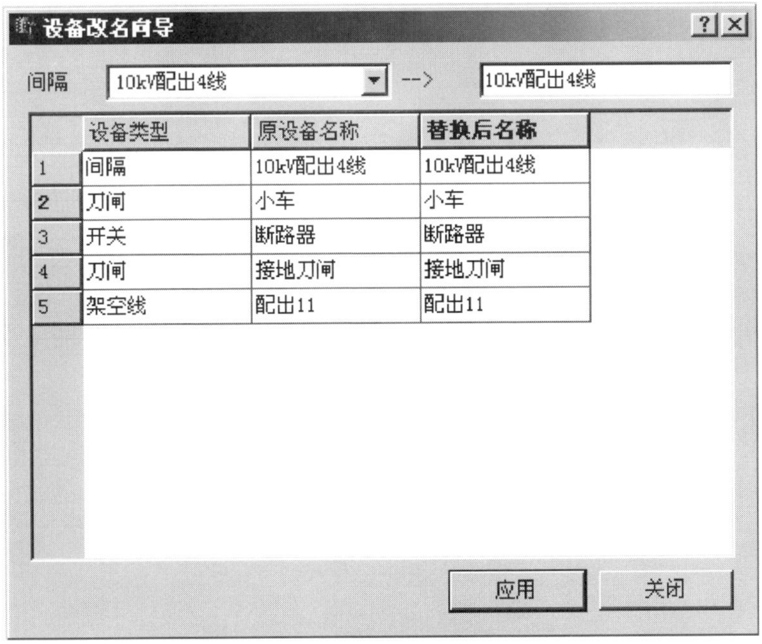

图8-11 设备改名向导界面

以修改"10kV配出4线"为"10kV超越Ⅰ线"为例，先在"间隔"下拉列表中选择"10kV配出4线"，然后在第1个"设备类型"→"间隔"→"替换后名称"中输入新的间隔名"10kV超越Ⅰ线"即可。

　　修改本间隔内其他设备名同此方法，修改完后界面如图 8 - 12 所示，点击"应用"，选择"是（Y）"，如图 8 - 13 所示。

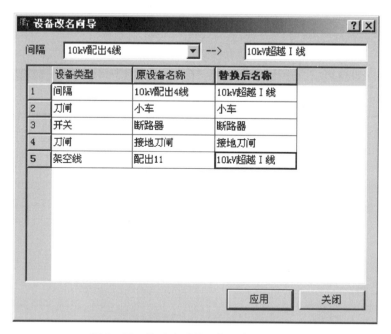

图 8 - 12　修改完后的设备改名向导界面

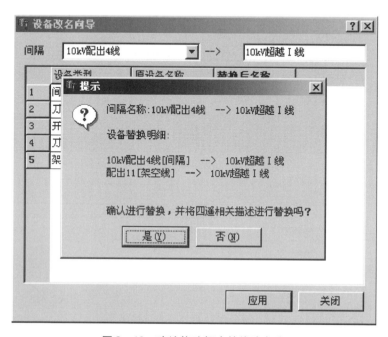

图 8 - 13　确认修改相应的线路名称

（2）修改遥测系数

如图 8 – 9 所示，依次点击"开始"→"程序"→"维护工具"→"电力模型编辑"选项，弹出登录界面，输入密码后，显示如图 8 – 14 所示数据库维护界面。

图 8 – 14　数据库维护界面

在图 8 – 14 左侧树形菜单中点击"遥测"，在界面上方"间隔"下拉列表中选择需要修改的间隔名，"设备"选择"全部"，即可看到此间隔下的所有遥测量。

电流的斜率为 TA 的变比，如 300/5，填 60。

电压的斜率为 TV 的变比，如 10kV 电压，10/100 = 0.1，填 0.1。

有功、无功斜率：电流斜率×电压斜率。

修改完成后需退出 super5000 并重启。

九、南瑞科技 NS2000 – Windows 监控系统组态

1. 系统备份

（1）使用工具

按照路径 D：\ 珠海变 \ Bin \ SQLDBManager 打开工具，如图 9－1 所示。

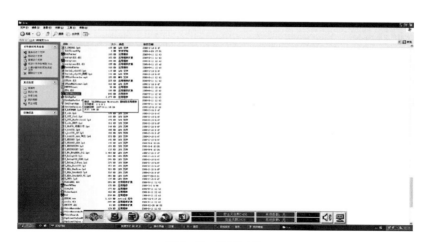

图 9－1　打开工具

（2）操作步骤

双击 SQLDBManager. exe 文件，打开如图 9－2 所示界面，选择"数据库备份维护"。"数据库备份维护"里有若干个选项，根据所需要备份的内容进行选择。通常，大部分的备份都是全站系统（整个后台系统）备份，选择第一条"备份实时表库和文件库"即可。点击之后画面显示如图 9－3 所示。

图 9－3 中，系统提供一个默认的保存备份的路径，即 D：\ 珠海变 \ config。建议不要随意更改此路径，备份结束后再拷入其他盘符。在此路径下需要

图 9 – 2　SQLDBManager 界面

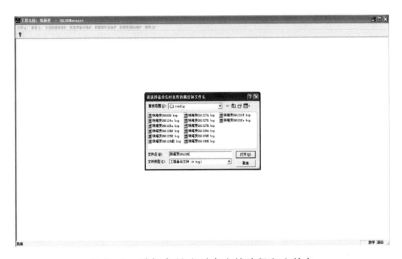

图 9 – 3　选择备份实时表库的路径和文件名

输入备份文件的名称，然后点击"打开（O）"即可。

　　系统弹出图 9 – 3 时，在"文件名"处会出现默认的变电站名，这个名字与系统安装时建立的变电站名一致。考虑到每次备份都采用一个名字，容易覆盖前次备份，且不易识别备份时期与内容，在此建议备份时，在变电站名后面加上日期用以区别，如："珠海变 091202"。这样既可以不覆盖前次备份，也可以一眼看出修改时间。

　　点击"打开（O）"后，弹出如图 9 – 4 所示对话框。对话框包含两个选项，即"数据备份包含波形文件"和"数据备份剔除波形文件"。这时需要根据现场情况来选择：

如果现场没有故障录波装置，或者故障录波装置与后台系统没有直接通信，则选择哪一个选项效果都一样。

如果现场有故障录波装置且与后台通信，这时后台会收到很多故障录波装置发过来的波形文件。这些文件是否加入备份，就是由这里的两个选项决定。如果不含波形文件，系统备份后文件大小约在5M左右（视变电站配置及画面报表的数量略有区别，总体在3~8M之间）；如果包含波形文件，系统备份文件的大小将随着波形文件的增多而增加，有时会达到近百兆。如果没有特殊需要，建议备份时不包含波形文件。

图9-4　选择波形是否备份

备份结束后，可将"D：\珠海变\config\珠海变091202.bcp"直接拷到U盘或者移动硬盘中，这个备份文件包含NS2000后台中的所有图形、报表、数据库等。

2. 修改数据库

注意：在下述修改数据库操作中，线路名称修改完成后必须在"系统组态"中的"工具"中选择"系统重要参数确认"，否则无法正常遥控！

（1）逻辑节点定义表

打开"系统组态"→"逻辑节点类"→"逻辑节点定义表"，逻辑节点定义表是数据库里面用来定义装置的一张表，现场所有可以通信的装备，在表里都需要占据一个节点（行）。在数据库建立之初，根据现场当时的线路名，来定义相对应的装置，如果线路名需要修改，逻辑节点定义表里也要把相对应的线路名进行修改。

一般情况下，在变电站电压等级小于66kV的线路等间隔，用的是测控保护一体化装置，这样在逻辑节点定义表里只有一行，也就是一个装置。而电压等级高于66kV的线路等间隔，测控保护设备往往会分开。也就是说，现场会有一个测控装置，一个保护装置。同样，在逻辑节点定义表里，会有两行参数用于定义这两个装置。改名的时候，尤其是66kV及以上间隔，注意不要漏改测控或者保护装置的名称。

（2）设备组表

打开"系统组态"→"×××变电站"→"设备组表"，选择需要修改名称的间隔，将其名称修改，如图9-5所示。

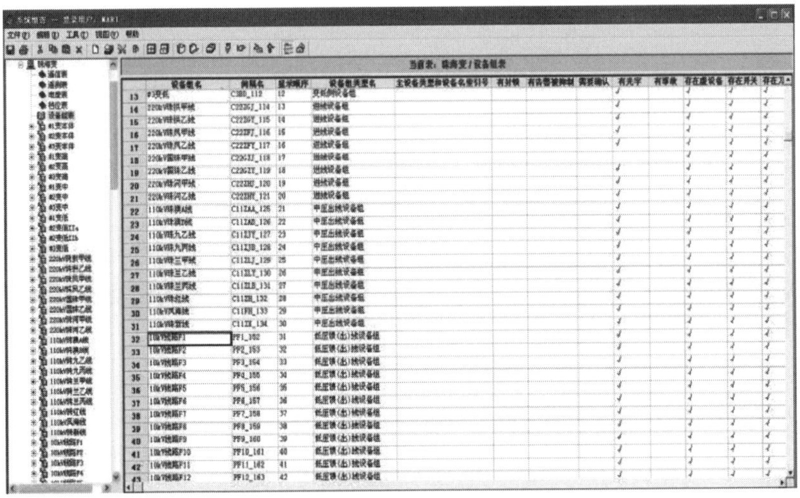

图9-5　修改设备组表间隔名称

修改间隔名称后，"系统组态"左侧的"结构树"里，相对应的间隔名称自动被修改了，如图9-6所示。

（3）设备表

进入名称已被修改的设备组（10kV珠海线），可以看到10kV珠海线这个设备组下有遥信表、遥测表、电度表、档位表、设备表（若干个且分类，设备表的多少与现场情况有关）。这几张表通常被称为分表，也就是只包含本间隔的信息。

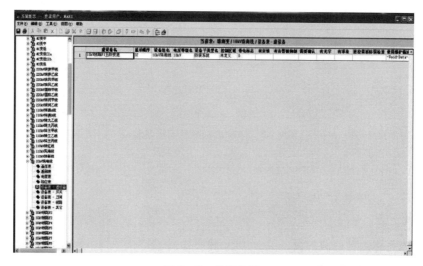

图9-6 "结构树"中相应间隔名称已修改

修改名称的时候，需要进入10kV珠海线里的每一个设备表（图中所示有虚设备、开关、刀闸、线路、其他），分别将里面的"虚设备名""开关名""刀闸名""线路名""其他设备名"更改；如果调度编号有变化的话，直接在"调度编号"这个域中修改。

需要修改的虚设备表、开关表、刀闸表、线路表、其他设备表如图9-7~图9-11所示。

图9-7 虚设备表

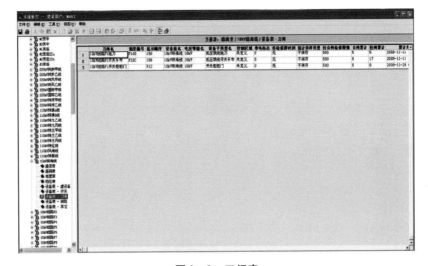

图 9 – 8　开关表

图 9 – 9　刀闸表

（4）遥信表、遥测表、电度表、档位表

在 NS2000 较新版本（V3.01 之后）中，遥信表、遥测表、电度表、档位表中的名称是自动更新的。而在 NS2000 较早的版本中，遥信表、遥测表、电度表、档位表里的名称需要人工修改。修改方法如下：

在需要改名的设备组下，进入遥信表（分表），选中需要改名的遥信名称，如图 9 – 12 所示。

如图 9 – 13 所示，点击工具栏上从右往左第七个菜单"名称设置"，弹开后

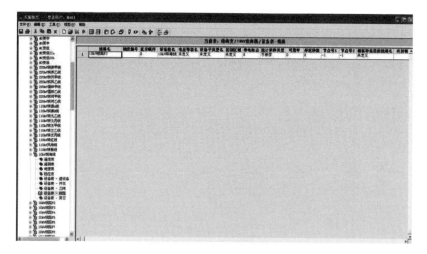

图 9-10　线路表

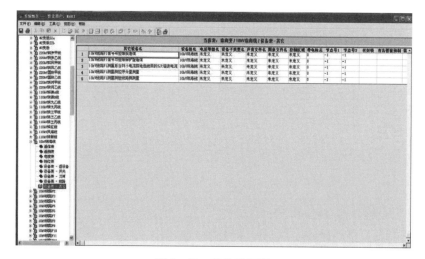

图 9-11　其他设备表

选择"生成四遥名称"，点击"确定（O）"。此时，所选中的遥信名称将根据"设备类型和设备名索引号" + "测点名"自动生成。

同理，将"遥测表""电度表""档位表"的"遥测名称""电度名称""档位名称"用"名称设置"自动生成。

（5）文件索引表

文件索引表定义的是 NS2000 后台系统中的图形、报表的属性等。通常变电站的后台系统中，按照间隔制作分画面。分画面是一个图形文件，因此也有自己的名称，而这个名称通常都是线路名称。也就是说，当更改线路名称

图9-12 选中需要修改的遥信名称

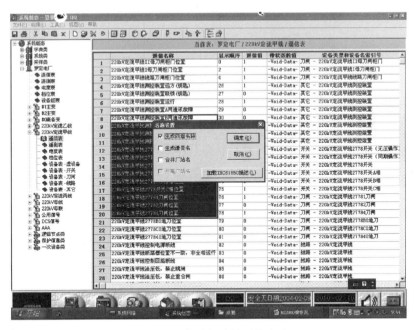

图9-13 修改相应的遥信名称

的时候，要记得把分画面图形的名称也相应更改。如果站内没有分画面，则不需要这一步。

打开"系统组态"→"系统类"→"文件索引表",在"文件名"这个域中找到所需更改线路的图形名称,将其更改,如图 9 – 14 所示。

注意:这张表不可删除"行"。完成后,在"组态工具"中点击"重要参数确认",否则无法遥控!

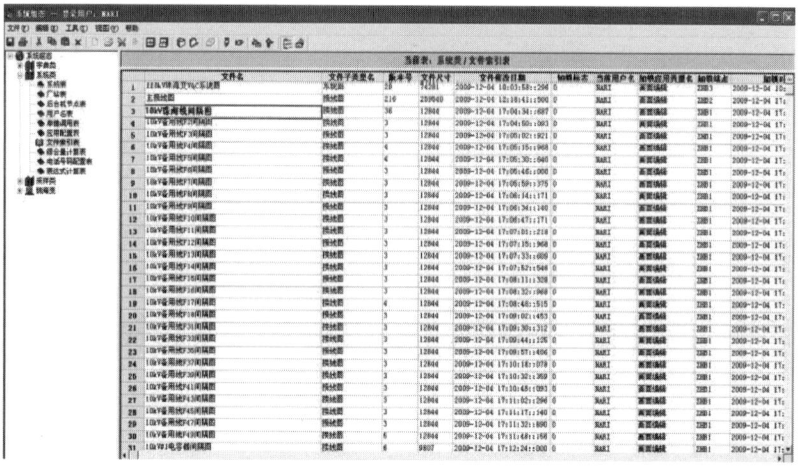

图 9 – 14   修改相应分画面图形文件名称

3. 修改画面

前面讲述的是数据库中关于线路名称的修改,所有操作都是在"系统组态"中完成的。除了数据库的修改,图形画面上的修改也是必不可少的。

在"控制台"的五个操作选项中,点击从左数第二个选项,然后选择第一个"操作界面",这个时候打开的是运行人员常用的"操作界面",也就是图形。此时看到的图形是运行状态,如果需要修改图形,只需将图形切换到编辑状态即可。

如图 9 – 15 所示,点击画面上方工具栏的"应用切换"→"进入编辑状态"即可。

需要说明的是:画面上看到的文字、数字(调度编号),其构成都有两种可能性,一种以链接的方式直接链接到数据库,另一种以文本的方式定义。NS2000 后台功能非常完善,几乎数据库中的所有表里的所有"域"都可以链接到画面上表述出来,包含线路名称、调度编号等。

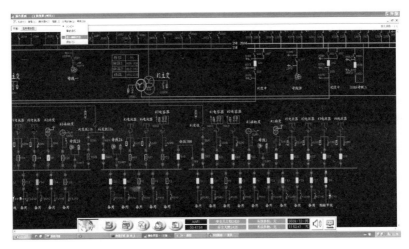

图9-15 将需要修改画面切换到编辑状态

如果文字和数字（调度编号）以链接的方式直接链接到数据库，这时画面上不需要任何修改就可以自动更改完毕，因为之前已经修改好数据库，链接到数据库相应名称会自动更改，如图9-16所示。

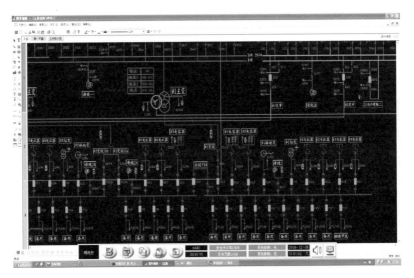

图9-16 以链接方式定义的相应名称已自动更改

如果一个变电站很大，间隔很多，考虑到后台机的负荷，可能会用文本的方式定义文字和数字（调度编号）。此时就必须在编辑状态下手动进行修改。修改的方式如图9-17所示，直接双击文字或数字（调度编号），然后输入所修改的内容即可。

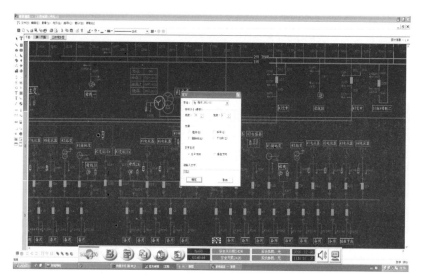

图 9 – 17　以文本方式定义的相应名称需手动修改

注意：在现场，主接线可能是分平面的。如图 9 – 17 所示，工具栏下方有"平面：第一平面五防模拟图"字样，其中第一平面的底色为橙色，五防模拟图的底色为蓝色，说明当前编辑的是图形的"第一平面"，如果需要编辑图形的"五防模拟图"，则需鼠标左键双击五防模拟图即可。

修改完毕之后，点击工具栏中从左数第五个图标"网络保存"，然后点击工具栏中从左数第一个图标"实时\编辑切换"，这时图形会从编辑状态切换至运行状态，修改完毕。同样的方法，可将主画面切换到分画面，将分画面切换至编辑状态，修改完保存后再切换回运行状态。

4. 修改遥测 TA 变比

变电站在运行一段时间后，由于负荷增加或者其他原因，需要更换一次 TA 或者调节一次 TA 的抽头，从而导致 TA 变比的变动。这时，为了配合一次的更改，需要在后台机上调节遥测系数，确保数据库中的遥测值正确。

如图 9 – 18 所示，遥测的转换过程为：

1）现场的模拟量一次值通过一次 TA、TV 转换成 5A/1A 的电流、100V 的电压接入装置。

2）装置上 5A/1A 的电流、100V 的电压通过 A/D 转换并放大成码值。

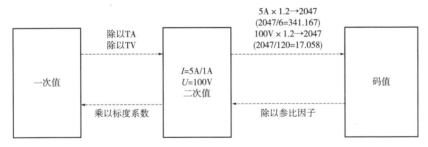

图 9 – 18 遥测的转换过程

3）装置通过通信报文将码值送至后台及通信控制器。

4）后台用收到的码值除以参比因子得出装置上看到的二次值。

5）后台用二次值乘以标度系数得出现场一次值。

（1）使用工具

NS2000 监控软件中的系统组态。

（2）操作步骤

打开"系统组态"→"×××变电站"→"×××设备组"→"遥测表"。在 NS2000 系统中，遥测系数打破传统的后台软件只有一个系数的设置方式，改为采用乘系数"标度系数"与除系数"参比因子"。

由图 9 – 18 可以看出，值班人员看到的遥测一次值 = 码值×标度系数/参比因子。测控装置上显示的二次值 = 码值/参比因子。考虑到现场经常更换 TA 变比，而很少更换测控装置的互感器，通常在调试的时候，根据测控装置所用的互感器，首先设置好相对的参比因子，然后根据现在所用的一次 TA、TV 的变比，设置好标度系数即可。这样设置的好处在于，用户可以不去管码值与二次值的转换，只需要把 TA、TV 变比当作标度系数填入，如图 9 – 19 所示。

例如：

现场的 TA 变比为 800/5 的，在标度系数中填入 160；或如 TA 变比为 1200/1 的，在标度系数中填入 1200。

TV 变比一般根据电压等级固定的，比如 220kV 线路，它的 TV 变比则为 220kV/100V，算出来应该为 2200，考虑到电压的单位为 kV，所以需要将 2200/1000 得出 2.2。

P、Q 的标度系数则由 TA 与 TV 共同决定，如果 110kV 某线的 TA 变比为

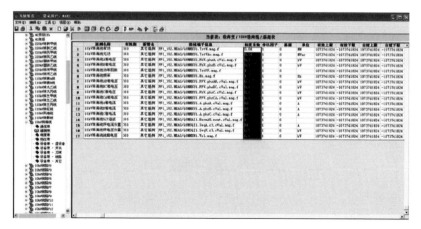

图 9 – 19　修改标度系数

1200/5，其电流的标度系数为 240，电压的标度系数为 1.1，功率的标度系数即为 240×1.1＝264，当然，这样算出的单位是 A·kV＝kW、kvar，如果换成 MW和 Mvar，标度系数＝240×1.1/1000＝0.264。注意这里不需要考虑 $\sqrt{3}$ 倍的关系，因为在参比因子里已经处理过了。

　　了解了遥测系数的转换，一次修改 TA 变比的维护工作就简单许多。注意要把三相电流与有功、无功的标度系数都修改过来。

　　注意事项：两个系数，一个是乘的关系，另一个是除的关系，只要同时放大或者缩小若干倍，不会影响一次值的变化。原则上用户可根据自己的习惯，将 2 个系数同时放大若干倍，达到方便写入的目的。常见的是把参比因子固定为 2047，然后再去换算相对的标度系数。使用时应仔细核查，如果盲目按照上述方式修改标度系数，可能会把遥测算错。

　　在这里，笔者介绍一种简便的换算方法。举例：如果原来的 TA 变比是800/5，现在需要改为 1200/5，此时不关注它的系数算法，只需算出 1200/800＝1.5，将原来三相电流的标度系数 A 乘以 1.5 倍，有功、无功的标度系数 B 也乘以 1.5 倍。这种方式几乎适用于所有厂家的所有后台软件系统，但是它有两个必要条件：一是知道以前的 TA 变比，这样才有新旧对比；二是必须确保以前的遥测系数设置完全正确。也就是说，不能用这个方法处理遥测不正确的问题。

十、南瑞科技 NS2000 – V6 监控系统组态

1. 启动与停止

（1）启动

实际运行中，一般主机 1（主服务器）、主机 2（备服务器）、操作员站 1、操作员站 2 都已配置了监控系统自启动。

开主机 1 电源，然后开主机 2 电源，到用户登录窗口，先在主机 1 上输入用户名 oracle，无用户密码，直接按回车键（若有密码，则输入 oracle 用户的密码），系统自己启动监控系统软件，然后在主机 2 上登录。

操作员站开机过程同主机。

注意：主机 1、2 的系统启动完成后用户才能登录启动操作员站和工程师站的监控系统，当主机屏幕上出现控制台和告警窗则视为主机监控系统启动完成。

对于未配置自启动的机器，开机后以 oracle 用户登录操作系统，然后在桌面空白处鼠标右键，打开一个终端窗口输入：

START & 回车

即启动监控系统，如图 10 – 1 所示。

（2）停止

打开一个终端窗口，输入：

REBOOT 回车

（重启系统：对于服务器，此命令先关闭 NS2000 应用程序，再关闭 oracle 数据库，最后重启操作系统；对于非服务器，先关闭 NS2000 应用程序，然后重启操作系统。）

图 10 - 1　启动监控系统

SHUTDOWN 回车

（关机：对于服务器，此命令先关闭 NS2000 应用程序，再关闭 oracle 数据库，最后关闭操作系统并关掉电源；对于非服务器，先关闭 NS2000 应用程序，然后关闭操作系统并关掉电源。）

2. 备份

（1）如果监控系统已经运行（即 START 脚本已经运行起来之后）的情况下，打开一个终端：

cd/users/oracle/ns2000/sql_ sentence 回车

backup_ data 回车

即开始备份，然后按照终端中打印出来的提示输入，如下：

Backup 目录已经存在，选择 y 将被覆盖已有备份，选择 n 退出。y/n ［y］y 回车

要生成新的数据库备份文件吗？y/n ［y］y 回车

在备份数据库文件前，要想先删除不必要的历史记录，请先退出备份程序，再执行 rm_ his 进行删除操作。

要继续备份吗？y/n ［y］y 回车（不想继续备份就 n 回车）

要备份历史数据吗？y/n ［y］y 回车（如果不想备份历史数据 n 回车）

请输入工程名称：输入你备份的工程名字回车

请输入备份人名称：输入备份人名字回车

然后开始备份，等到最后显示

"工程数据备份结束！"

然后打开一个终端，/users/oracle 目录下的 backup 文件夹即备份文件。

（2）如果未起用 START 脚本，数据库没有启动的情况下，则打开一个终端

输入：cd/users/oracle 回车

startdb 回车

等到数据库成功启动之后，重复上面的步骤执行 backup_ data 即可。

3. 名称修改

（1）登录

按照图 10 - 2 所示步骤，点击控制台用户登录按钮，"用户"栏输入
"111"，"口令"为空，"有效期"为"24 小时"，点击"确定"。

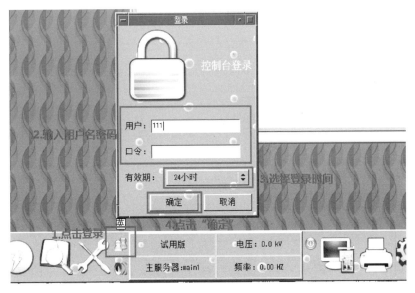

图 10 - 2　用户登录步骤

按照图 10 - 3 所示步骤，打开数据库组态工具，进行修改。

（2）修改间隔表

在打开的数据库组态工具界面，修改间隔表。如图 10 - 4 所示，展开需要

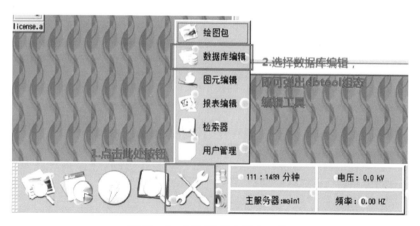

图 10 - 3　打开数据库组态工具

修改的"间隔表"所在的文件夹（如"SCADA"文件夹）→点击"系统配置类"文件夹→点击"间隔表"，在右侧"间隔名称"栏中修改相应的间隔名称，最后点击"保存"按钮进行保存。

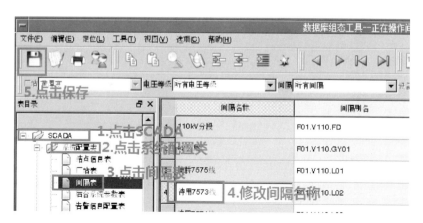

图 10 - 4　修改间隔表

（3）修改设备类表

按照图 10 - 5 所示步骤，修改"设备类"的"开关刀闸表""负荷表""其他设备表"。注意：一般此三张表无需修改，只需检查是否修改正确即可，若没用自动修改，则需手动修改。

展开需要修改的"设备类"所在的文件夹（如"SCADA"文件夹）→点击"设备类"文件夹→点击"开关刀闸表"，在右侧"开关刀闸名称"栏中修改相应的线路名称，最后点击"保存"按钮进行保存。

图 10 – 5　修改设备类表

（4）修改二次设备类表

按照图 10 – 6 所示，修改"二次设备类"的"装置表"或"逻辑设备表"。注意：网络通信直接与后台机通信，则改装置表即可；若装置串口通信，则装置表无对应装置，需修改逻辑设备表。

展开需要修改的"装置表"所在的文件夹（如"SCADA"文件夹）→点击"二次设备类"文件夹→点击"装置表"，在右侧"装置名称"栏中修改相应的装置名称，最后点击"保存"按钮进行保存。

图 10 – 6　修改二次设备类表

（5）修改"四遥类"表

按照图 10 – 7 所示，修改"四遥类"的"遥信定义表""遥测定义表""遥控定义表"。注意：一般情况下，此三张表无需手动修改，只需检查是否自动修改成功即可。

展开需要修改的"遥信定义类"所在的文件夹（如"SCADA"文件夹）→点击"四遥类"文件夹→点击"遥信定义类"，在右侧"遥信名称"栏中修改相应的遥信名称，最后点击"保存"按钮进行保存。

图 10 – 7　修改"四遥类"表

（6）修改画面描述

修改涉及线路名称的画面描述，一一修改"主接线图""光字牌信号索引图""监控系统配置图""通讯工况图""间隔分图"等。

进入数据库组态工具，按照图 10 – 8 所示步骤，"后台系统参数表"中，"调试模式"改为"是"。

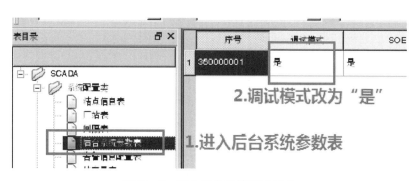

图 10 – 8　进入后台系统调试模式

如图 10-9 所示，重新打开画面。

图 10-9 重新打开画面

重新打开画面后，弹出如图 10-10 所示画面，点击图中所示按钮，切换到编辑，即可修改画面。

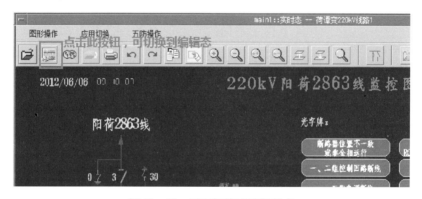

图 10-10 画面切换到编辑状态

按照图 10-11 所示，在画面空白处点击右键，弹出菜单，左键选择"区域选择"，即可按照图 10-12 所示步骤框选需要修改的图元及文字。

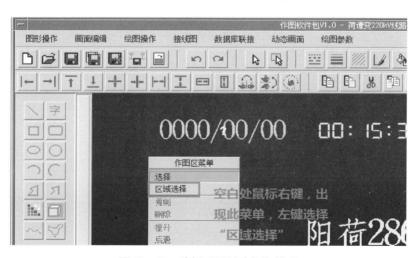

图 10-11 选择"区域选择"模式

图 10-12　选择需要修改的范围

如图 10-13 所示，点击工具栏的"前景替换"，在弹出的对话框中选择"按名称替换"，将所有文字描述替换成正确的命名，修改完成后点击"网络保存"。

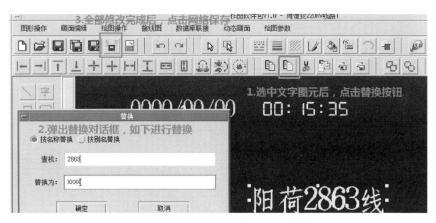

图 10-13　修改选定区域内相应文字描述

如果只是单独修改一处文字，可在空白处点击右键，弹出菜单，点击"选择"（参考"区域选择"），左键点击需要修改的文字，再次点击右键，弹出菜单，左键点击"属性"，可进行修改，如图 10-14、图 10-15 所示。

如图 10-16 所示，全部修改完成后，点击"网络保存"按钮，然后点击"图形操作"→"退出"。

4. TA 变比修改

如图 10-17 所示，按照修改线路名称的步骤进入"数据库组态工具"，选

图 10 – 14　单独选中一处进行修改

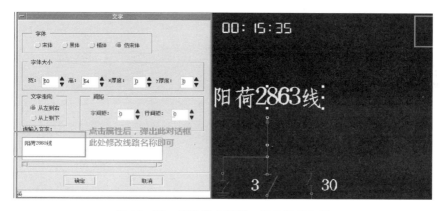

图 10 – 15　修改选中的某一处的相应文字

图 10 – 16　全部修改完成后保存

择"四遥类"→"遥测通道表",修改"额定值(C)"选项,按照 TA 变比的新老比例修改即可。

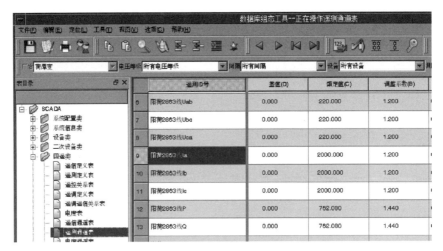

图 10 - 17　修改 TA 变比

注：后台显示值＝装置上送原码×额定值×调整系数＋基值

如原来是 2000∶5，现在是 1200∶5，则需将电流、有功、无功的额定值乘 2；其他保持不变。

十一、南瑞科技 NS3000S 监控系统组态

1. 备份

备份操作如下：

启动终端

／ > ＄ cd/home/nari/ns4000/bin

／ > ＄ nssbackup（或控制台上选择"系统备份"菜单）

出现如图 11 - 1 所示界面。

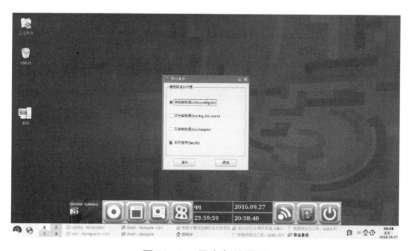

图 11 - 1　导出备份界面

如图 11 - 1 所示，选择需要备份的对象，默认应选择"参数库数据（data，config，sys）""系统程序（bin，lib）"，点击"备份"，在弹出的路径选择对话框中选择合适的路径，进行备份。

备份程序将在此路径下新建一个当前时间相关 nbkp_ yyyymmddhhmmss 的目录进行备份。

注意：需要选择工程目录以外的路径进行备份，这里假设备份的路径是自己创建的一个备份路径/home/nari/bakup/，则生成的 nbkp_ yyyymmddhhmmss 文件夹在/home/nari/bakup/目录下。

2. 名称修改

（1）修改画面内设备名称

若运行人员需要临时修改后台画面内开关编号名称、移动画面等，可进行如下操作。

如图 11-2 所示，单击画面左上方菜单栏"切换到编辑态"，画面进入编辑状态。

图 11-2　将后台画面切换到编辑状态

如图 11-3 所示，左键双击需修改的名称，弹出"字符串"对话框，可

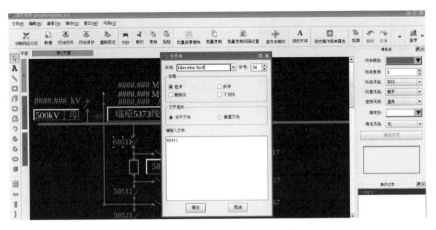

图 11-3　修改画面内开关编号名称

以修改字体、字号大小、文字效果、文字走向、文字内容等，修改完成确认无误后点击"确定"。单击图元、字符后可对图元、字符进行移动，画面上方菜单栏可修改画面属性，左侧菜单栏可添加图元、线条等，右侧设置颜色、线条粗细。

注意，按照图11-4所示，编辑结束后请单击"网络保存"，否则修改状态并未生效。网络保存后点击菜单栏左侧第一个选项"切换到运行态"，恢复运行模式下监控。

图11-4　编辑结束后网络保存使修改生效

（2）修改数据库线路名称

若运行人员需要对数据库线路名称进行修改，可按照图11-5所示，选择控制台第一个选项中的"系统组态"。

图11-5　打开系统组态

先打开"一次设备类"→"设备组表和逻辑节点类"→"逻辑节点定义表"，找到需要修改的线路名称修改，点击"系统组态"文件选项下的"保存"按钮即可。

然后分别将"一次设备类"→"开关表""刀闸表""其他设备表"中所属间隔线路名称修改，点击保存即可。

最后选择所有设备组中间隔，再选择左侧列表"量测类"→"遥信表""遥测表"。如图11-6所示，以修改遥信名称为例：双击"1090：遥信表"，右侧对话框中出现本间隔遥信名称。

图 11 - 6   选中需要修改的遥信名称

双击需要修改的遥信名称，则可修改对应内容，键盘 ctrl 键 + 空格 space 键切换中英文输入法。

如图 11 - 7 所示，遥信名称修改后会显红色，确认无误后点击上方菜单栏第一个保存选项，确认保存，关闭数据库组态。注意，后台系统画面中，后台光字牌、告警窗等内容均关联数据库内名称，因此不需要再对其他地方进行修改，所有关联会自动替换。上述画面字符修改需进行手动修改。

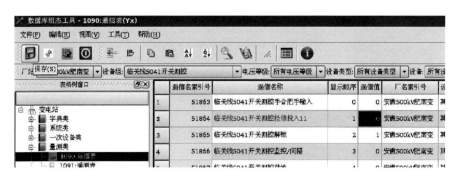

图 11 - 7   修改后的遥信名称

3. 修改 TA 变比

以电压 10kV 为例，将变比 600/1 改为 800/1。如图 11 - 8 所示，打开"系统组态"，选择备用 113 间隔后，找到"量测类"→"1091：遥测表"，找到

"标度系数"列，电压的标度系数保持0.1（无需修改），将电流的标度系数600改为800后保存，将有功无功0.06改为0.08后保存，至此修改完毕。

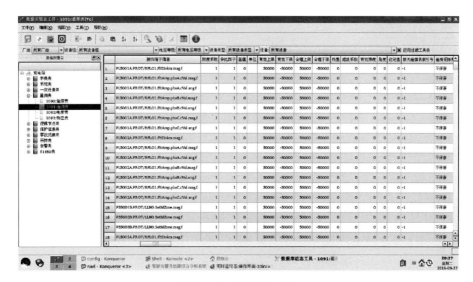

图11-8　修改TA变比

十二、鲁能 LCS5500 监控系统组态

修改鲁能 LCS5500 监控系统组态时，须严格按照步骤操作，在做修改前，请先将备机的后台软件关闭（将一次画面最小化后会有一个小窗口"系统启动及切换工具"，将其关闭，密码为1），所有操作都是在主服务器上进行，在所有修改按步骤完成后再将备机软件打开。

1. 数据库备份

如图 12 – 1 所示，将所有窗口最小化，回到桌面。

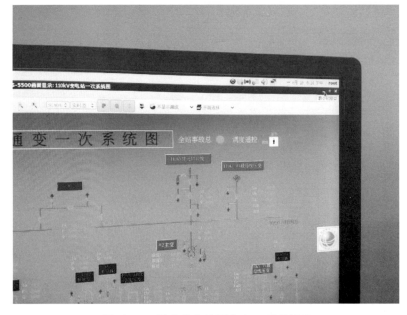

图 12 – 1　最小化当前所有窗口回到桌面

如图 12 - 2 所示，在桌面点击右键后，选择"在终端中打开（E)"，弹出如图 12 - 3 所示窗口。

图 12 - 2　在桌面选择"在终端中打开（E)"

图 12 - 3　"root@servera：~/桌面"窗口

如图 12 – 4 所示，在 "root@ servera： ~/桌面" 窗口中输入 "wTool"，此时注意区分大小写。

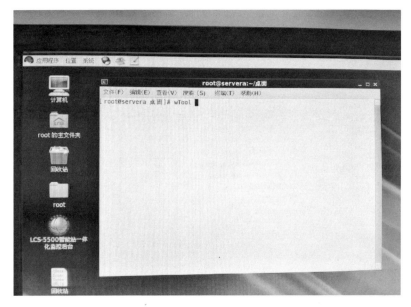

图 12 – 4　输入 wTool 命令

回车，出现如图 12 – 5 所示 "wTool" 窗口，点击 "一键备份实时数据库"。

图 12 – 5　一键备份实时数据库

如图 12 - 6 所示，点击"确定（O）"，系统开始备份，备份进度条如图 12 - 7 所示。备份过程需要几分钟，请耐心等待。

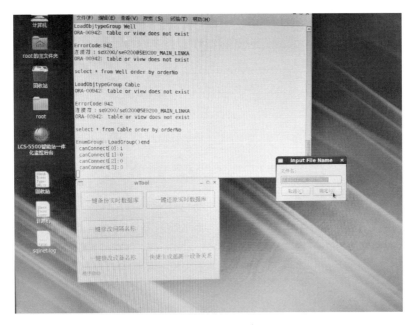

图 12 - 6　确定进行备份

图 12 - 7　实时数据库备份进度

如图 12 - 8 所示，备份完成后点"关闭"。

图 12 - 8　备份完成后关闭 wTool 窗口

2. 修改画面

（1）修改一次图

如图 12 - 9 所示，选择一次图左上角"文件操作（F）"选项，在弹出的菜

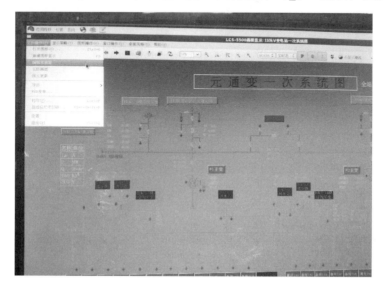

图 12 - 9　选择编辑一次系统图画面

单中选择"编辑本画面"选项。

如图 12 - 10 所示，选择最下方一栏"LCS - 5500 画面编辑：1…"。

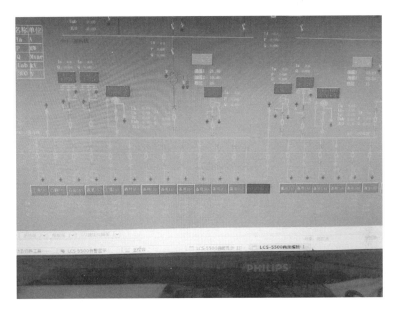

图 12 - 10   进入一次系统图编辑界面

如图 12 - 11 所示，进入编辑界面后，点击需要修改的光字牌，如"110kV 太吉 1600 元通支线"。

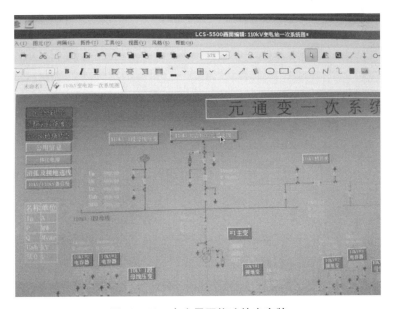

图 12 - 11   点击需要修改的光字牌

如图 12 - 12 所示，点击右侧"属性编辑器"的第一行"文字信息"，手动修改名称。

图 12 - 12　修改相应光字牌文字信息

如图 12 - 13 所示，修改完成后点击"保存（S)"按钮。

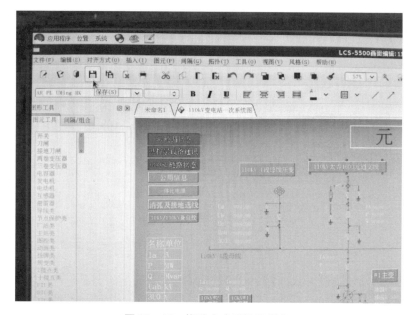

图 12 - 13　修改完成后进行保存

如图 12-14 所示，保存好之后，点击右上角关闭窗口，修改完成。在一次图上点击任意间隔，然后再回到主画面，修改过的光字牌就变化生效了。

图 12-14　保存已修改好的信息后关闭窗口

（2）修改间隔画面

如图 12-15 所示，点击需要修改的间隔光字牌，进入该间隔画面。

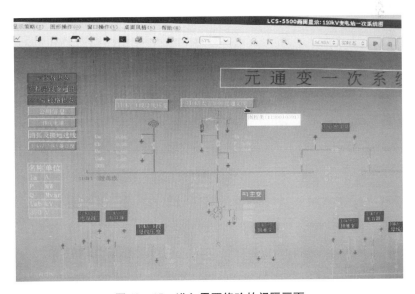

图 12-15　进入需要修改的间隔画面

如图 12 - 16 所示，点击左上角"文件操作（F）"→"编辑本画面"。

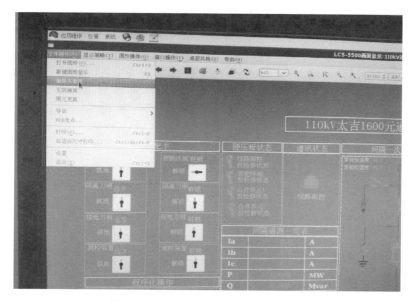

图 12 - 16　选择编辑相应的间隔画面

如图 12 - 17 所示，点击最下方一栏"LCS - 5500 画面编辑：1…"，进入相应间隔编辑界面。

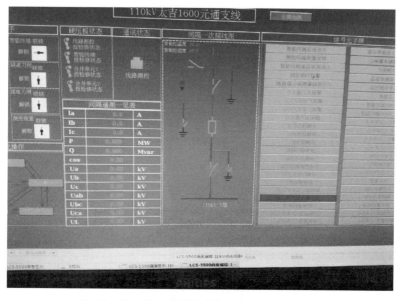

图 12 - 17　进入需要修改的相应间隔编辑界面

如图 12 - 18 所示，点击所要修改的相应间隔名称。

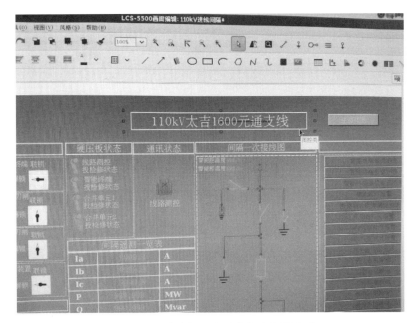

图 12 - 18　点击需要修改的相应间隔名称

如图 12 - 19 所示，点击右侧"属性编辑器"的"文字信息"，手动修改名称。

图 12 - 19　修改相应间隔名称

如图 12 – 20 所示，修改完成后进行保存。

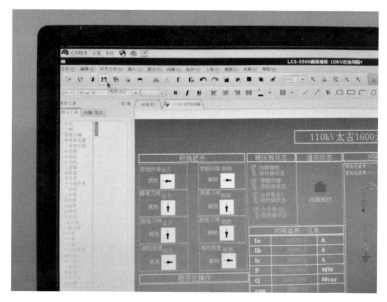

图 12 – 20　修改完成后保存

如图 12 – 21 所示，保存后关闭本窗口，修改完成。在画面显示中退回主界面，再进入分画面，修改生效。

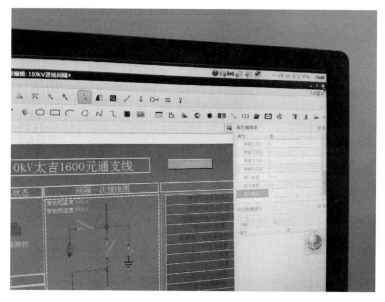

图 12 – 21　相应间隔修改完成后关闭窗口

3. 修改数据库

修改间隔名称时，如图 12-22 所示，点击右键，打开终端，选择"一键修改间隔名称"。

图 12-22　选择一键修改间隔名称

弹出如图 12-23 所示窗口，可在箭头标注的位置选择需要修改的间隔。

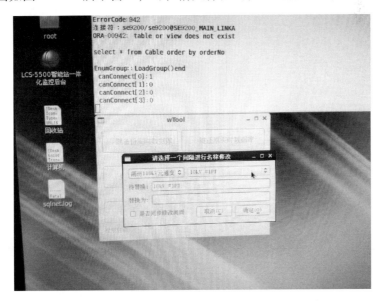

图 12-23　弹出"请选择一个间隔进行名称修改"窗口

如图 12 - 24 所示，点击需要修改的相应间隔。

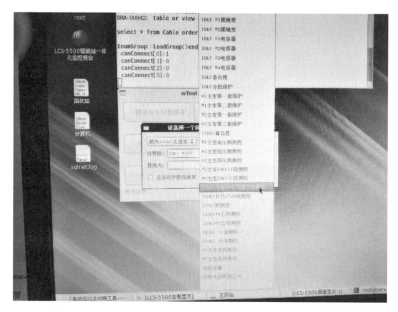

图 12 - 24　选择需要修改的间隔

如图 12 - 25 所示，选择好需要修改的间隔后，"待替换"一栏显示原名称，在"替换为"一栏输入新名称。

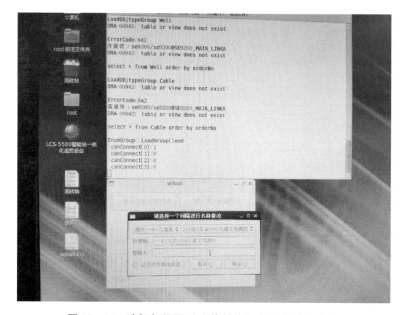

图 12 - 25　选择好间隔后"待替换"栏里显示原名称

如图 12 - 26 所示，在"是否同步修改换面"处打勾，点击"确定（O）"。

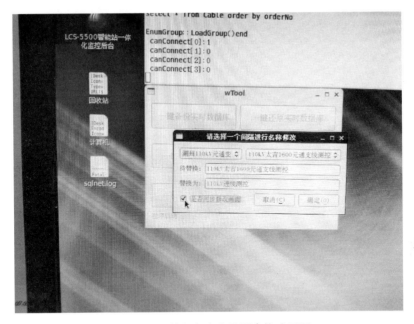

图 12 - 26　输入新名称并同步修改画面

如图 12 - 27、图 12 - 28 所示，修改相应名称后，弹出修改成功提示，点击"确定（O）"，然后将"提示"窗口和"wTool"窗口关闭。

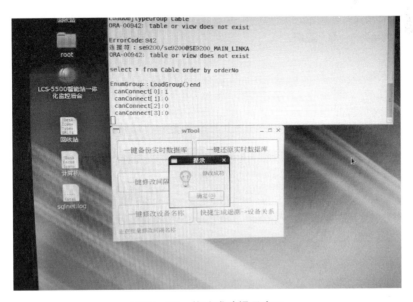

图 12 - 27　修改成功提示窗口

图 12 - 28　关闭"提示"窗口和"wTool"窗口

点击最下面一栏"系统启动及切换工具…",弹出如图 12 - 29 所示窗口,然后关闭该窗口。

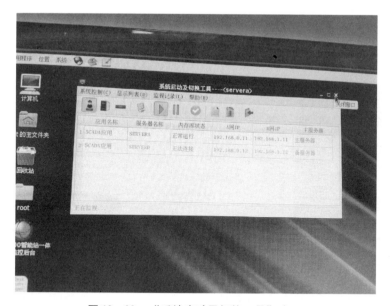

图 12 - 29　"系统启动及切换工具"窗口

在弹出的如图 12 - 30 所示"系统关闭提示"窗口中,输入密码"1",点击"确定(O)"。

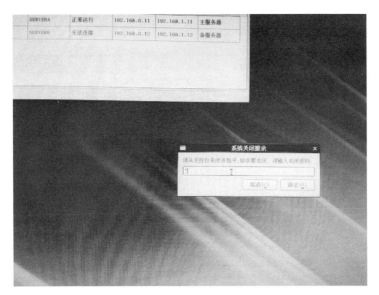

图 12-30　"系统关闭提示"窗口

关闭后，重新双击后台软件启动，修改生效。

4. 修改遥测系数

如图 12-31 所示，双击桌面上绿色悬浮小球，右侧即会展开。

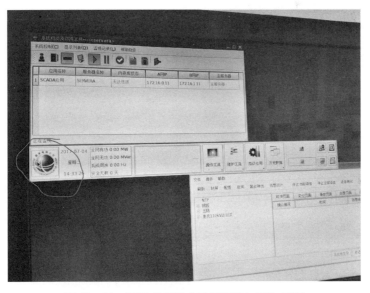

图 12-31　展开"系统启动及切换工具"界面

如图 12 – 32 所示，点击"维护工具"，选择"数据库录入"。

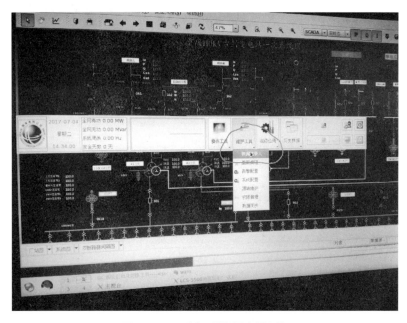

图 12 – 32　选择"数据库录入"

如图 12 – 33 所示，点击"量测类"，展开后双击"遥测"。

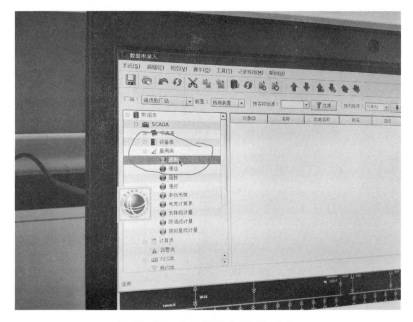

图 12 – 33　选择修改"遥测"信息

如图 12 - 34、图 12 - 35 所示，先点"厂站"选择本站名称，再选"装置"找到本间隔测控。

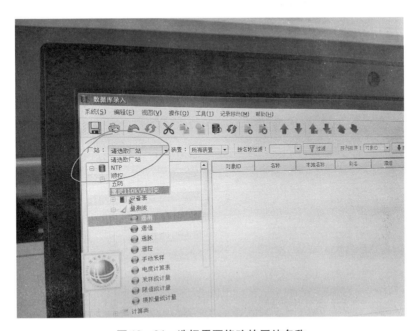

图 12 - 34　选择需要修改的厂站名称

图 12 - 35　选择需要修改的装置名称

按照图 12 – 36 所示，右侧出现间隔遥测点，找到要修改的点，将窗口下方的移动条向右拉，便会有"乘系数""除系数"等选项，在数值处手动修改，然后保存。注意：遥测系数修改后可能需要等几分钟才会变。

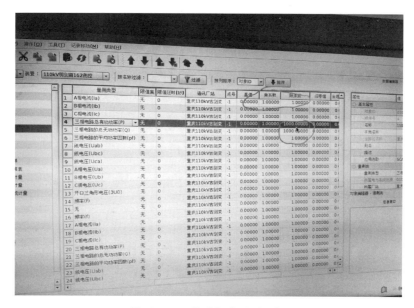

图 12 – 36　修改相应遥测系数

十三、南思 NSPRO 监控系统组态

1. 修改前的备份工作

备份原始文件如图 13 - 1 所示，将 C：\ Nspro 文件夹和文件备份到其他盘，并备注日期。

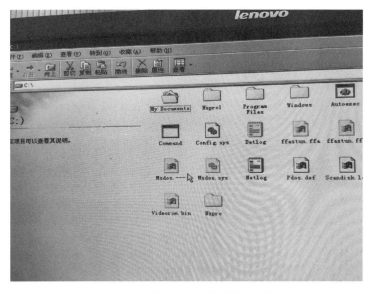

图 13 - 1 备份原始文件并备注日期

2. 修改间隔名称

以下以"盛林 930 线"改为"备用 930 线"为例说明监控画面的修改。

需要修改："主接线图""间隔分图""通信状态图""消弧线圈及接地分图"。

首先登录，用户名为 Engineer/检修人员；密码为 NICE97（大写）。

如图 13 - 2 所示，依次打开"开始"菜单→"程序（P）"→"NSPRO 1.2 综合自动化"→"画面图符编辑器（Ieditor）"。

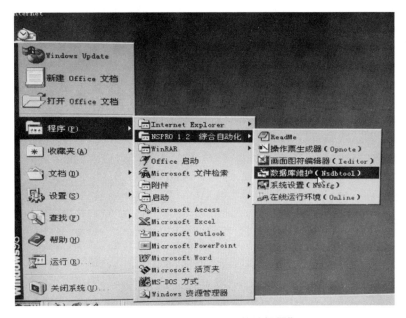

图 13 - 2 打开"画面图符编辑器"

如图 13 - 3 所示，右键弹出"打开画面"窗口→在左侧"可选择图形文

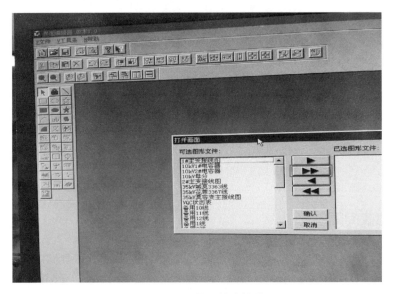

图 13 - 3 打开需要修改的主接线图画面

件:"栏中选择相应主接线图（如"2#主变接线图"）→点击 ▶▶ 按钮将已选择的图形文件放到右侧"已选图形文件:"栏中→点击"确认"打开。

如图13-4所示，将"盛林930线"宏定义OP图标先拖到一边，等待使用。

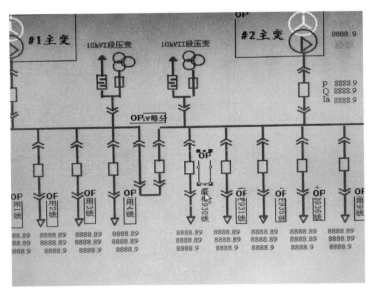

图13-4 移开相应间隔的宏定义OP图标

先双击选择需要修改的文本（如"盛林930线"），在"图元:矢量字符串"窗口中，将"盛林930线"改为"备用930线"，如图13-5所示。

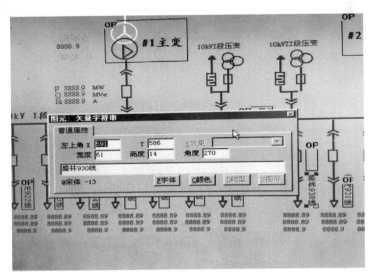

图13-5 修改主接线图上相应线路名称

如图 13 - 6 所示,将已经移开的宏定义 OP 图标,重新移到原位置上("备用 930 线")。

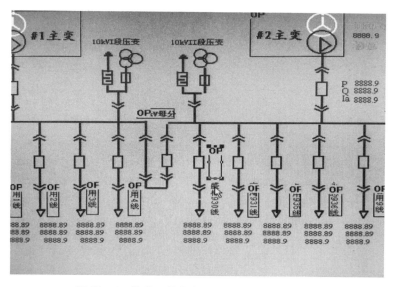

图 13 - 6   将移开的宏定义 OP 图标移回原位置

按照图 13 - 7 所示,双击"图元:操作点"窗口。将调画面盛林 930 线改为调画面备用 930 线,再选择文件保存。

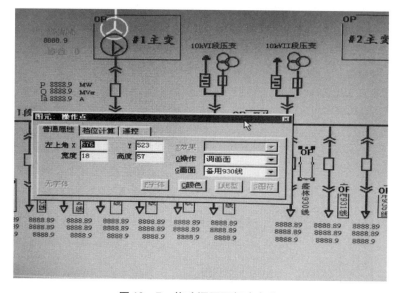

图 13 - 7   修改调画面相应名称

同理，去间隔分画面修改，双击选择改变文本，在"图元：矢量字符串"窗口中，将"盛林930线"改为"备用930线"，再选择文件保存。

同理，去消弧线圈及接地分图修改，双击选择改变文本，在"图元：矢量字符串"窗口中，将"盛林930线"改为"备用930线"，再选择文件保存。

同理，去通信状态分图修改，双击选择改变文本，在"图元：矢量字符串"窗口中，将"盛林930线"改为"备用930线"，再选择文件保存。

3. 实时库修改

首先登录，然后依次打开"开始"菜单→"程序（P）"→"NSPRO 1.2 综合自动化"→"数据库维护（Nsdbtool）"。

（1）修改遥信信息

如图13－8所示，打开"遥信子系统"，将"点名"中的"盛林930线"改为"备用930线"。注意小电流接地遥信也要更改。再选择文件保存。

图13－8　修改遥信信息

（2）修改遥测信息

同理，打开"遥测子系统"，将"遥测子系统"中的"盛林930线"改为"备用930线"，再选择文件保存。

（3）修改遥控信息

同理，打开"遥控子系统"，将"遥控子系统"中的"盛林930线"改为"备用930线"，再选择文件保存。

（4）注意事项

如图13－9所示，还需要将 c：\ NSPRO \ DATA \ PROTECT，Device 表格文件中的"盛林930线"改为"备用930线"。这是后台刷报文要求更改的。

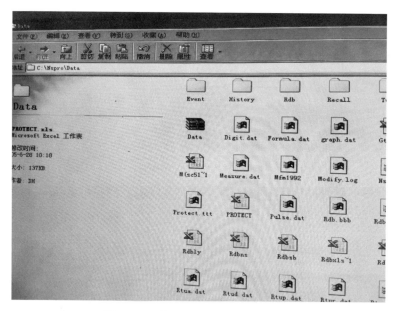

图13－9　修改 PROTECT 表格文件

4. 修改 TA 变比

如图13－10所示，依次打开"开始"菜单→"程序（P）"→"NSPRO 1.2综合自动化"→"数据库维护（Nsdbtool）"。

打开"遥测子系统"，将"遥测子系统"中的"盛林930线"改为"备用930线"，再选择文件保存。

TA 变比为专用测量变比，整定方法是将变比除以1000。

$$电流系数：P（TA）= \frac{一次 TA}{二次 TA} \times 0.001$$

例：一次侧 TA 变比为600/5＝120，则系数整定为120/1000＝0.12；

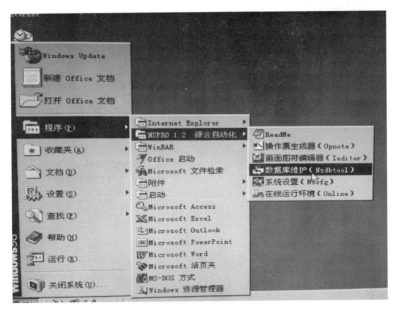

图 13 – 10　打开数据库维护

$$电压系数：P（TV）= \frac{一次线电压}{100 \times 1000}$$

例：10kV TV 变比 10000/100 = 100，则整定为 100/1000 = 0.10。

5. 修改后的备份工作

修改后备份原始文件 C：\ Nspro 文件夹和文件备份到其他盘，并备注日期。

十四、泰仑四方 CSC2000 监控系统组态

1. 修改前的备份

备份原始文件，将 C：\ CSC2000 下除了"AHDB"、"Hisdata"、"Hisdb"、"Event"历史库文件夹外的其余文件夹和文件备份到其他盘，并备注日期，如图 14 – 1、图 14 – 2 所示。

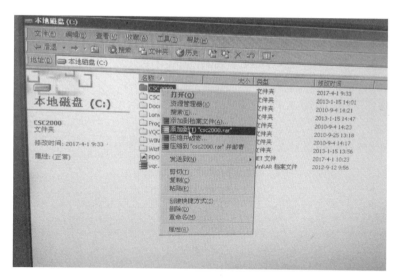

图 14 – 1　备份 C：\ CS2000 文件夹

2. 修改监控画面

监控画面修改过程中，需要修改主接线图画面、间隔分画面、通信状态画面、消弧线圈及接地分画面。

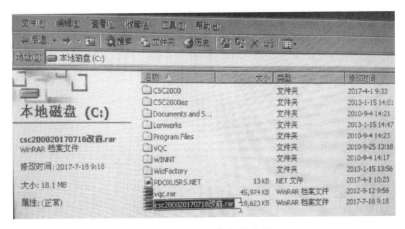

图14-2 重命名备份文件

（1）主接线图画面修改

下面以将"微动044线"改为"备用044线"为例进行说明。如图14-3所示，首先登录，"注册用户"窗口中"姓名"和"口令"一般都是"z"，点击"<u>O</u>确定"。

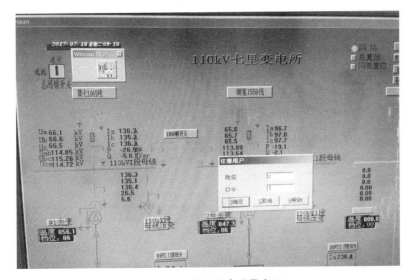

图14-3 注册用户登录窗口

如图14-4所示，依次点击"<u>M</u>模式"→"<u>E</u>编辑"，主接线图画面进入编辑模式。

按照图14-5所示，将"微动044"宏定义图标复制在旁边，等待使用。

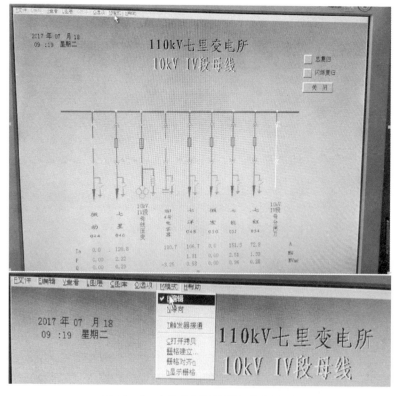

图 14－4　主接线图画面进入编辑模式

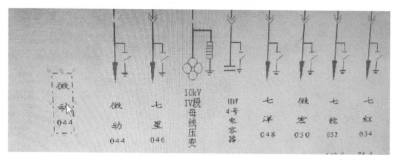

图 14－5　复制"微动044"宏定义图标

　　如图 14－6 所示，先依次点击鼠标右键→"a 取消动态"，取消动态定义；然后依次点击右键→"R 取消触发器"，取消触发器定义；再依次点击右键→"C 改变文本…"，将"微动044"改为"备用044"。

　　如图 14－7 所示，从刚才复制的宏定义图标中将对应的点位动态定义到新的图标中，点击"D 动态定义"将原来的宏定义定义到新的图标中。确认无误后，将复制的旧的微动044宏定义图标删除。再点击"T触发器定义"，将模式改回原来的触发器接通。之后选择文件保存。

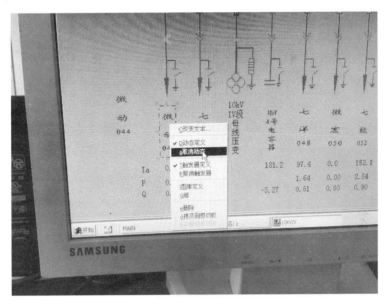

图 14 - 6　修改主接线图画面上相应文本

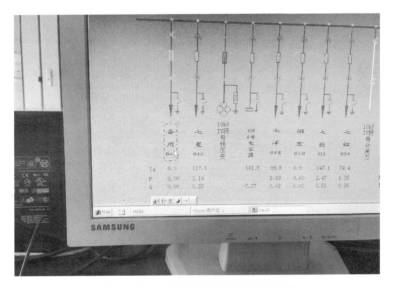

图 14 - 7　设置动态定义和触发器定义

（2）间隔分画面修改

如图14 - 8 所示，选中对应间隔，依次点击"M 模式"→"E 编辑"，在

"微动044线"图标上右键,选择"C改变文本",将"微动044线"改为"备用044线"。

图14-8 修改间隔分画面相应名称

如图14-9所示,依次点击"M模式"→"T触发器接通",将触发器定义改回原来的触发器接通状态。

图14-9 间隔分画面触发器接通

如图14-10所示,依次点击"F文件"→"S保存",保存文件。

图14-10 保存文件

(3)消弧线圈及接地分画面修改

同理,去消弧线圈及接地分画面修改。如图14-11、图14-12所示,在

"微动044线接地"图标上右键，选择"C改变文本"，将"微动044线接地"改为"备用044线接地"；然后依次点击"M模式"→"T触发器接通"，将触发器定义改回原来的触发器接通状态；最后依次点击"F文件"→"S保存"，保存文件。

图14-11　从主接线图画面进入消弧线圈及接地分画面

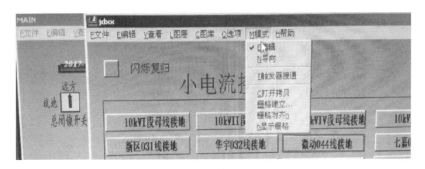

图14-12　修改消弧线圈及接地分画面相应名称

同理，去通信状态分画面修改，将"微动044线"改为"备用044线"，将触发器定义改回原来的触发器接通状态。再选择文件保存。

3. 实时库修改

打开C：\CSC2000\BIN下WizTool.exe，登录，用户名为"z"，密码一般是"z"（或者用户名sifang，密码是8888）。

或者按照图14-13～图14-15所示，打开开始菜单，选择"运行（R）…"，输入"C：\CSC2000\BIN\WizTool.exe"，回车。登录，用户名为"z"，密码一般是"z"（或者用户名sifang，密码是8888）。

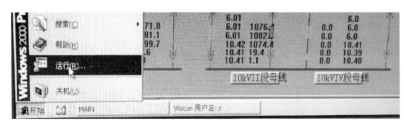

图 14 – 13   打开运行窗口

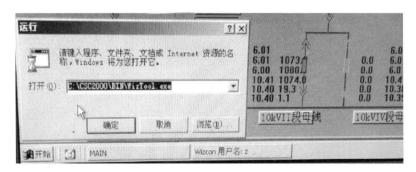

图 14 – 14   输入"C：\ CSC2000 \ BIN \ WizTool. exe"命令

图 14 – 15   CSC2000 监控系统实时库管理工具登录界面

（1）修改间隔名称

如图 14 – 16 所示，依次点击"间隔管理（W）"→"间隔列表（W）"，打开间隔列表。

如图 14 – 17、图 14 – 18 所示，找到对应间隔修改名称，将"10kV 微动 044 线"改为"10kV 备用 044 线"。

（2）修改遥控细节列表库

按照图 14 – 19 所示，选择遥控量细节列表，在遥控量细节列表中可以查看

图 14－16　打开间隔列表

图 14－17　修改前的对应间隔名称

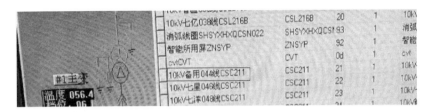

图 14－18　修改后的对应间隔名称

设备是否有"双编号"，如图 14－20 所示，然后再进行相应修改。

（3）修改遥信细节列表库

按照图 14－21 所示，选择遥信量细节列表，在遥信量细节列表中主要是遥信、公用测控信号、消弧线圈及接地信号。

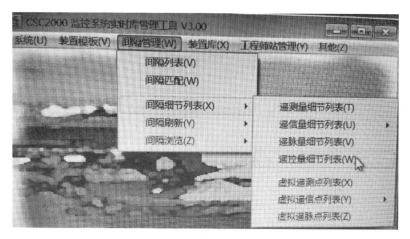

图 14－19　打开遥控量细节列表

遥控量细节列表

操作(Z)

控点快速定位: 搜寻

间隔名称	物理名称	控点名	特征字	相关装置名	分操作名称	合操作名称	双编号	操作权
#1主变	#1主变220kV侧分接	50CTRL01B4BC	普通压板1	#1主变220k	退出	投入		运行人
#1主变	#1主变220kV侧降分	50CTRL01D2D2	遥控分接头	#1主变220k	分	合		运行人
#1主变	#1主变220kV侧同期	50CTRL02B4BC	普通压板2	#1主变220k	退出	投入		运行人
#1主变	#1主变220kV侧升分	50CTRL02D2D2	遥控分接头	#1主变220k	分	合		运行人
#1主变	#1主变220kV侧备自	50CTRL03B4BC	普通压板3	#1主变220k	退出	投入		运行人
#1主变	#1主变220kV侧急停	50CTRL03D2D2	遥控分接头	#1主变220k	分	合		运行人
#1主变	#1主变220kV侧控制	50CTRL04B4BC	普通压板4	#1主变220k	退出	投入		运行人
#1主变	#1主变220kV侧开关	50CTRL04D2D1	开关	#1主变220k	分	合	2201	运行人
#1主变	#1主变220kV侧检同	50CTRL05B4BC	普通压板5	#1主变220k	退出	投入		运行人
#1主变	#1主变220kV侧中性	50CTRL05D2D1	隔离刀闸4G	#1主变220k	分	合		运行人
#1主变	#1主变220kV侧检无	50CTRL06B4BC	普通压板6	#1主变220k	退出	投入		运行人
#1主变	#1主变220kV侧正母	50CTRL06D2D1	隔离刀闸1G	#1主变220k	分	合		运行人
#1主变	#1主变220kV侧准同	50CTRL07B4BC	普通压板7	#1主变220k	退出	投入		运行人
#1主变	#1主变220kV侧副母	50CTRL07D2D1	隔离刀闸2G	#1主变220k	分	合		运行人
#1主变	#1主变220kV侧同期	50CTRL08B4BC	普通压板8	#1主变220k	退出	投入		运行人
#1主变	#1主变220kV侧主变	50CTRL08D2D1	隔离刀闸3G	#1主变220k	分	合		运行人
#1主变	#1主变220kV侧09	50CTRL09D2D1	隔离刀闸15G	#1主变220k	分	合		运行人
#1主变	#1主变220kV侧解锁	50CTRL10B4BC	普通压板10	#1主变220k	退出	投入		运行人

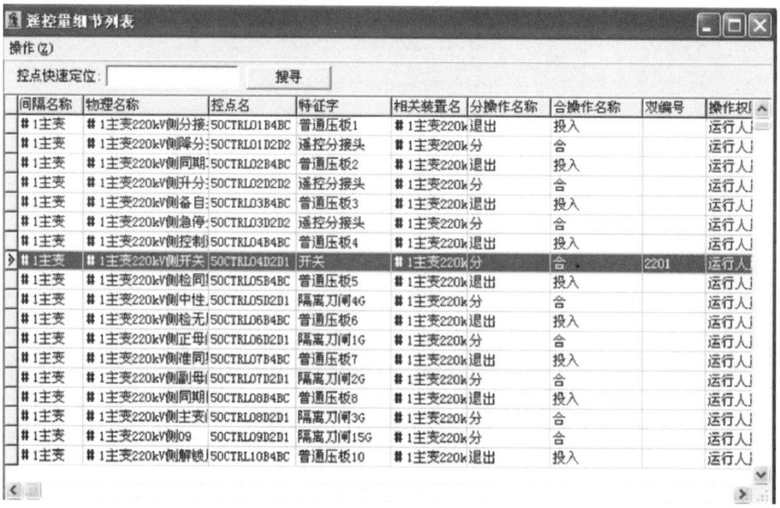

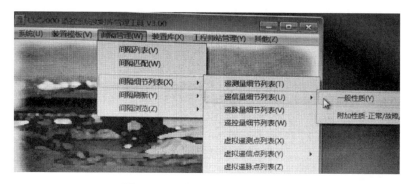

图 14－20　遥控量细节列表界面

图 14－21　打开遥信量细节列表

如图 14－22 所示，可更改具体遥信物理量名称，将“消弧线圈微动 044 线接地”修改为“消弧线圈备用 044 线接地”。

遥信量细节列表

间隔名称	物理量名	控点名	特征字	相关装置名	分字符
消弧线圈	消弧线圈线路接地17	93DIG010208	通用遥信	消弧线圈SH	复归
消弧线圈	消弧线圈线路接地18	93DIG010209	通用遥信	消弧线圈SH	复归
消弧线圈	消弧线圈微动044线接地	93DIG01020A	通用遥信	消弧线圈SH	复归
消弧线圈	消弧线圈备用046线接地	93DIG01020B	通用遥信	消弧线圈SH	复归
消弧线圈	消弧线圈备用048线接地	93DIG01020C	通用遥信	消弧线圈SH	复归

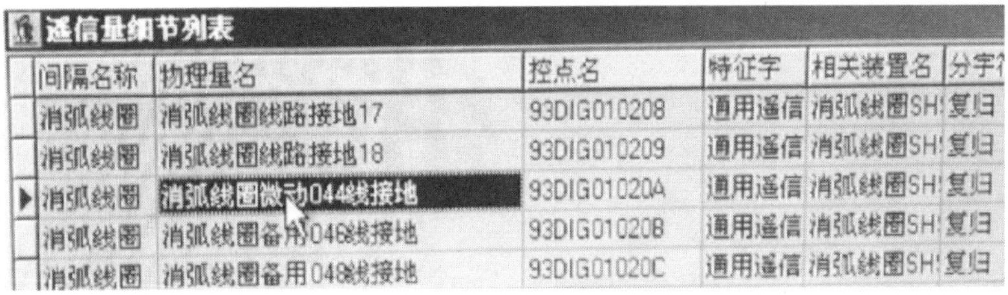

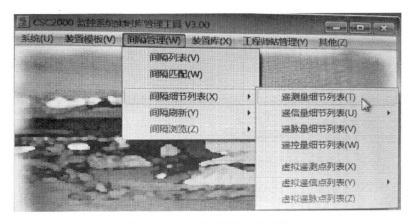

图 14－22　更改相应遥信物理量名称

（4）查看遥测细节列表库

按照图 14－23 所示，选择遥信量细节列表，在遥信量细节列表中主要是备用 044 线间隔遥测查看。

图 14－23　打开遥测量细节列表

（5）库修改完毕，输出

注意：实时库修改完成后，需要再次备份，然后选择实时库输出。实时库输出时要求监控后台软件处于运行状态。

实时库备份完成后，如图 14－24 所示，依次点击“系统（U）”→“实时设置（S）”→“实时库输出（Y）”，输出实时库。

如图 14－25 所示，在弹出的对话框中点击“Yes”，确认实时库输出，弹出如图 14－26 所示窗口。

图 14 – 24　实时库输出

图 14 – 25　确认实时库输出

图 14 – 26　输出选择窗口

　　注意：没有增加信号的情况下，一个勾都不选。"输出 WIZCON 控点"，是指有增加遥信、遥测、遥控；"WIZCON 宏"，是指有增加遥控；"删除实时库原始信息"则永远不勾选。

4. 修改 TA 变比

（1）修改比例系数

打开 C：\ CSC2000 \ BIN 下 WizTool. exe，登录，用户名为 "z"，密码一般是 "z"（或者用户名 sifang，密码是 8888）。

或者按照图 14 - 13 ~ 图 14 - 15 所示，打开开始菜单，选择 "运行（R）…"，输入 "C：\ CSC2000 \ BIN \ WizTool. exe"，回车。登录，用户名为 "z"，密码一般是 "z"（或者用户名 sifang，密码是 8888）。

按照图 14 - 27 所示，选择遥信量细节列表。

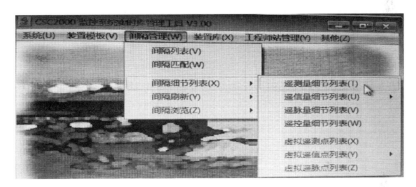

图 14 - 27　打开遥测量细节列表

如图 14 - 28 所示，在遥信量细节列表中修改相应 "比例系数"。

如图 14 - 29、图 14 - 30 所示，修改完成后，点击右上角 "×" 号关闭，并保存。

（2）系数计算

四方装置产品装置上送遥测的方式有归一化值和浮点数两种。

1）归一化值对应遥测控点名为 ANA3X00（主要是常规 CSC200 系列低压保护），对应遥测的监控后台计算公式为

电流 I：（TA 一次值）×1. 2/4096

电压 U：（TV 一次值）×1. 2/4096

功率 PQ：3U（TV 一次值）I（TA 一次值）×1. 2×1. 2/4096

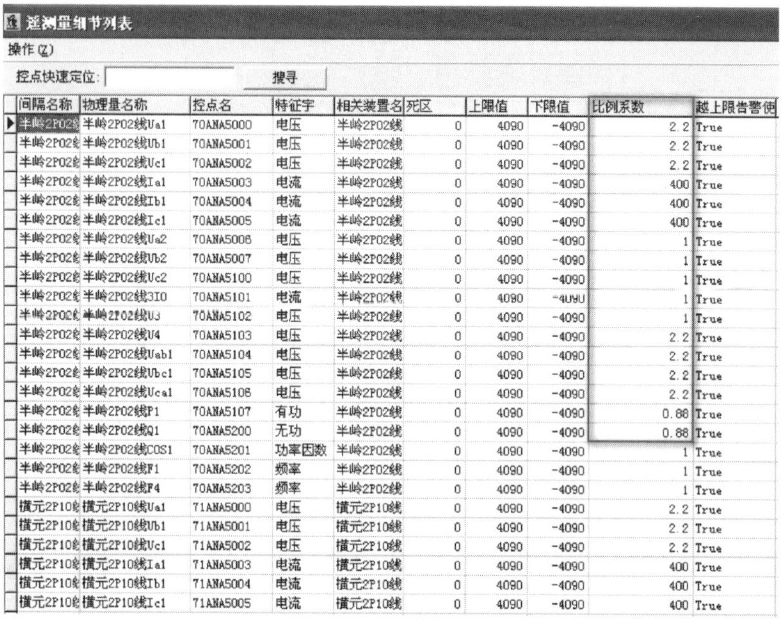

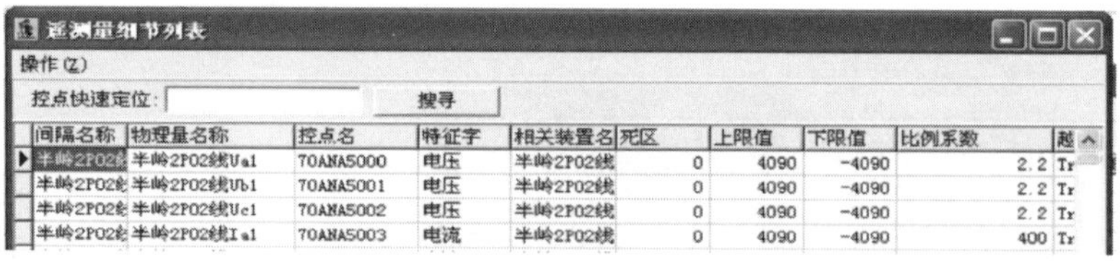

间隔名称	物理量名称	控点名	特征字	相关装置名	死区	上限值	下限值	比例系数	越上限告警值
半岭2P02线	半岭2P02线Ua1	70ANA5000	电压	半岭2P02线	0	4090	-4090	2.2	True
半岭2P02线	半岭2P02线Ub1	70ANA5001	电压	半岭2P02线	0	4090	-4090	2.2	True
半岭2P02线	半岭2P02线Uc1	70ANA5002	电压	半岭2P02线	0	4090	-4090	2.2	True
半岭2P02线	半岭2P02线Ia1	70ANA5003	电流	半岭2P02线	0	4090	-4090	400	True
半岭2P02线	半岭2P02线Ib1	70ANA5004	电流	半岭2P02线	0	4090	-4090	400	True
半岭2P02线	半岭2P02线Ic1	70ANA5005	电流	半岭2P02线	0	4090	-4090	400	True
半岭2P02线	半岭2P02线Ua2	70ANA5006	电压	半岭2P02线	0	4090	-4090	1	True
半岭2P02线	半岭2P02线Ub2	70ANA5007	电压	半岭2P02线	0	4090	-4090	1	True
半岭2P02线	半岭2P02线Uc2	70ANA5100	电压	半岭2P02线	0	4090	-4090	1	True
半岭2P02线	半岭2P02线3I0	70ANA5101	电流	半岭2P02线	0	4090	-4090	1	True
半岭2P02线	半岭2P02线U3	70ANA5102	电压	半岭2P02线	0	4090	-4090	1	True
半岭2P02线	半岭2P02线U4	70ANA5103	电压	半岭2P02线	0	4090	-4090	2.2	True
半岭2P02线	半岭2P02线Uab1	70ANA5104	电压	半岭2P02线	0	4090	-4090	2.2	True
半岭2P02线	半岭2P02线Ubc1	70ANA5105	电压	半岭2P02线	0	4090	-4090	2.2	True
半岭2P02线	半岭2P02线Uca1	70ANA5106	电压	半岭2P02线	0	4090	-4090	2.2	True
半岭2P02线	半岭2P02线P1	70ANA5107	有功	半岭2P02线	0	4090	-4090	0.86	True
半岭2P02线	半岭2P02线Q1	70ANA5200	无功	半岭2P02线	0	4090	-4090	0.88	True
半岭2P02线	半岭2P02线COS1	70ANA5201	功率因数	半岭2P02线	0	4090	-4090	1	True
半岭2P02线	半岭2P02线F1	70ANA5202	频率	半岭2P02线	0	4090	-4090	1	True
半岭2P02线	半岭2P02线F4	70ANA5203	频率	半岭2P02线	0	4090	-4090	1	True
横元2P10线	横元2P10线Ua1	71ANA5000	电压	横元2P10线	0	4090	-4090	2.2	True
横元2P10线	横元2P10线Ub1	71ANA5001	电压	横元2P10线	0	4090	-4090	2.2	True
横元2P10线	横元2P10线Uc1	71ANA5002	电压	横元2P10线	0	4090	-4090	2.2	True
横元2P10线	横元2P10线Ia1	71ANA5003	电流	横元2P10线	0	4090	-4090	400	True
横元2P10线	横元2P10线Ib1	71ANA5004	电流	横元2P10线	0	4090	-4090	400	True
横元2P10线	横元2P10线Ic1	71ANA5005	电流	横元2P10线	0	4090	-4090	400	True

图 14 – 28　修改相应的比例系数

图 14 – 29　关闭遥测量细节列表

图 14 – 30　确认保存修改信息

功率因数 $\cos\varphi$：1/4096

2）浮点数对应遥测控点名为 ANA5X00，对应遥测的监控后台计算公式为

电流 I：TA 变比 =（TA 一次值）/（TA 二次值）

电压 U：TV 变比 =（TV 一次值）/（TV 二次值）

功率 PQ：TA 变比 × TV 变比

功率因数 $\cos\varphi$：1

（3）实时库输出

参照前文"实时库修改"→"修改间隔名称"→"库修改完毕，输出"步骤，进行实时库输出。

5. 修改后的备份工作

如图 14 – 31 所示，备份原始文件，将 C：\ CSC2000 下除了"AHDB""Hisdata""Hisdb""Event"历史库文件夹外的其余文件夹和文件备份到其他盘，并备注日期。

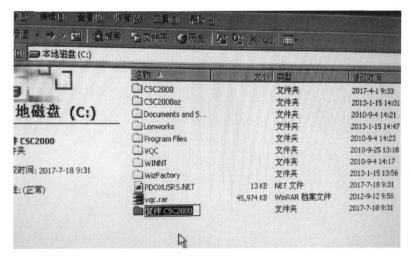

图 14 –31　修改完成后再次备份

十五、东方电子 E3000 监控系统组态

1. 参数维护

下面以将"公用测控二"的"开入4备用"遥信接入信号为例，说明遥信的简单修改。

按照图15－1所示，在桌面上右键点击打开终端，输入"dbmgr"后回车，在左侧找到"遥信参数表"，双击打开，然后找到"公用测控二"间隔打开，右侧就会显示该间隔的遥信，点击标题栏的"整表编辑"，找到"开入4"双击，就可以修改。Ctrl＋空格切换到中文输入法，改好后点击左上角的保存按钮，会跳出提示是否保存对话框，点击"保存"后，会提示是否装载，点击"装载"，则遥信信息修改完成。

图 15－1　修改遥信信息

2. 修改间隔名称

按照图 15 – 2 所示，选择"前置系统"，在左侧找到"RTU 参数表"，选择
"单记录编辑"，修改相应的名称。

图 15 – 2　修改 RTU 信息

遥信修改后，对应的光字牌会相应改动，如需要修改主接线图中的间隔名
称，则需要进入相应画面进行修改。如图 15 – 3 所示，点击工具栏中的画图按
钮，进入相应画图。

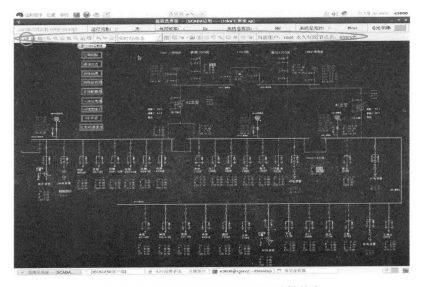

图 15 – 3　将需要修改的画面进入编辑状态

进入相应画图后，需要把主接线图中线路名称上隐藏的热点移开再修改，修改后再把隐藏热点放回。修改后点击工具栏中的保存和网络保存按钮。

同理，进入对应间隔图，点击画图按钮，进行修改。

3. 遥测系数的修改

该站是 61850 通信，大部分间隔上送到后台的都是一次值，后台不用填系数，更换 TA 后只需将装置参数里的变比更改就好，后台不用动。后台需要填系数的只有 35kV 部分的开关。

在桌面上右击打开终端，输入"dbmgr"后回车，在左侧找到"遥测参数表"打开，找到需要修改的间隔，找到要改的遥测，在标题栏选择"单记录编辑"。

如图 15 - 4 所示，如果将 TA 变比从 600 改为 800，只需将"最大工程"改为"800"即可，然后点击左上角的保存按钮，根据提示点击装载。

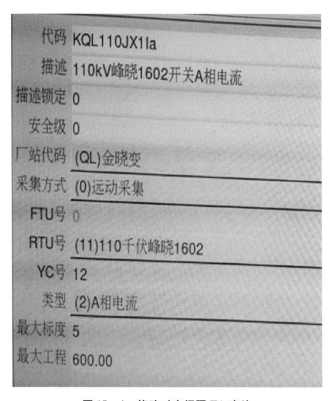

图 15 - 4　修改对应间隔 TA 变比

修改功率较为复杂，下面以将 TA 变比从 600 改为 800 进行说明。

功率系数 =（TV 变比×TA 变比）/1000，单位为 MW。

后台系数 = 最大工程/最大标度

把 600/5，35/100 代入上式，就可以得出最大工程是 42，最大标度为 1000，若 TA 变比换成 800/5，则得出最大工程为 56。